Access 2010 数据库项目应用教程

代秀珍　贾振刚　主　编
孟庆云　夏永秋　副主编

北京理工大学出版社
BEIJING INSTITUTE OF TECHNOLOGY PRESS

内 容 简 介

本书采用了大量的精彩案例，突出 Access 2010 数据库管理系统软件的实践操作与实用技巧，能够让学习者循序渐进的学习 Access 2010，真正做到教、学、做一体化。

全书共包括创建数据库、数据表的创建与维护、查询的创建与应用、窗体的创建与应用、报表的设计和宏 6 个项目、28 个任务，并详细讲述了每个任务的实施步骤和相关的理论知识。每个项目的最后提供了大量的实训内容和习题，供学习者思考和练习。

本书可以作为"Access 数据库应用"课程的教材，也可以为初学者学习 Access 提供参考。

版权专有　侵权必究

图书在版编目（CIP）数据

Access 2010 数据库项目应用教程/代秀珍，贾振刚主编. —北京：北京理工大学出版社，2019.8

ISBN 978 – 7 – 5682 – 7424 – 1

Ⅰ. ①A…　Ⅱ. ①代… ②贾…　Ⅲ. ①关系数据库系统 – 高等学校 – 教材

Ⅳ. ①TP311.138

中国版本图书馆 CIP 数据核字（2019）第 183439 号

出版发行 / 北京理工大学出版社有限责任公司

社　　址 / 北京市海淀区中关村南大街 5 号

邮　　编 / 100081

电　　话 / （010）68914775（总编室）

　　　　　（010）82562903（教材售后服务热线）

　　　　　（010）68948351（其他图书服务热线）

网　　址 / http：//www.bitpress.com.cn

经　　销 / 全国各地新华书店

印　　刷 / 三河市天利华印刷装订有限公司

开　　本 / 787 毫米×1092 毫米　1/16

印　　张 / 13.5　　　　　　　　　　　　　　　责任编辑 / 高　芳

字　　数 / 320 千字　　　　　　　　　　　　　文案编辑 / 高　芳

版　　次 / 2019 年 8 月第 1 版　2019 年 8 月第 1 次印刷　　责任校对 / 周瑞红

定　　价 / 54.00 元　　　　　　　　　　　　　责任印制 / 李志强

图书出现印装质量问题，请拨打售后服务热线，本社负责调换

前　　言

　　Access 2010 是 Microsoft Office 2010 办公软件的重要组成部分，Access 功能强大、界面友好、使用简单便捷，使用 Access 2010 可以轻松地开发各种中小型数据库管理系统。

　　本书为体现新理念和特点，本着通俗易懂、例题丰富的原则，达到重点突出实用性和实践性的目的，采用项目教学的方式，用任务引导读者，由浅入深地详细介绍了一个小型"教学管理"数据库管理系统的开发过程，并注重知识的关联性。

　　本书共包含六个项目，每个项目介绍一个数据库对象，本书围绕"教学管理系统"，从数据库管理系统的需求分析开始，详细解析了设计数据库、创建数据表、建立各种查询、设计灵活多样的窗体和形式多样的报表以及宏的简单应用，使读者掌握如何规划并设计一个小型数据库管理系统。

　　全书六个项目中包括了若干个典型的任务，每个任务都配有任务分析和详细的实施过程，带领读者循序渐进地学习相关的理论知识和应用操作，同时在每个任务后面布置了相关的上机实践任务，使读者通过上机实践巩固之前所学的知识和操作，从而达到"教、学、做"一体化的教学目的，能够更好地理论联系实践，培养学习能力、工作能力和创造能力。

　　本书由代秀珍、贾振刚主编，项目一、项目四由贾振刚老师编写，项目二由孟庆云老师编写，项目三由代秀珍老师编写，项目五和项目六由夏永秋老师编写，全书由代秀珍负责整理和统稿。虽然我们尽力写好具有特色的优秀教材，但限于水平有限，书中难免有不足之处，请广大读者批评指正。

　　本书既适合初学者学习和参考，又可以作为"Access 数据库应用"课程的教材。

编　者

2018 年 11 月

目 录

项目 1

设计和创建"教学管理"数据库

● 学习目标

❋ 数据库基础知识
❋ Access 2010 的特点
❋ Access 2010 的启动和退出
❋ 设计和创建 Access 2010 数据库
❋ 打开和关闭 Access 2010 数据库
❋ Access 2010 数据库的 6 大对象的主要概念和功能

预备知识

1. 数据库理论基础

1）信息

信息就是对客观事物的反映，就是新的、有用的事实和知识。

2）数据

数据（Data）是用来记录信息的可识别的符号，是信息的载体和具体的表现形式。数据的表现形式包括数字、文字、图形、图像、声音等。

3）数据库

数据库（DataBase，DB）是存储在一起的相关数据的集合。数据库中，数据的存储独立于使用它的程序；在数据库中插入新数据时，修改和检索原有数据均能按一种公用的和可控制的方式进行。当某个系统中存在结构上完全分开的若干个数据库时，则该系统包含一个"数据库集合"。

4）数据库管理系统

数据库管理系统（DataBase Management System，DBMS）是专门用于管理数据库的计算机系统软件，为数据库提供与其他应用程序的接口。

数据库管理系统的主要功能如下。

（1）数据定义功能（提供数据定义语言 DDL）。

（2）数据操纵功能，包括数据的插入、修改、删除、查询、统计等操作。

（3）数据库的建立和维护功能。

（4）数据库的运行管理功能（是 DBMS 的核心功能）。

5）数据库系统

数据库系统（DataBase System，DBS）是指带有数据库并利用数据库技术进行数据管理的计算机系统。由计算机硬件、数据库、数据库管理系统、应用程序、人员等构成。

6）关系型数据库简介

按照数据模型的不同，数据库可分为层次型、网状型和关系型三种类型。其中关系型数据库是目前应用最为广泛的数据库类型。这种数据库具有数据结构化、最低冗余度、较高的程序与数据独立性、易于扩充、易于编制应用程序的特点。目前，较大的信息系统都是建立在关系型数据库设计之上的。

7）关系型数据库的定义

所谓关系型数据库，是指采用关系模型来组织数据的数据库。关系模型是在 1970 年由 IBM 的研究员 E. F. Codd 博士首先提出的，在之后的几十年中，关系模型的概念得到了充分的发展，并逐渐成为数据库架构的主流模型。简单来说，关系模型指的就是二维表格模型，而一个关系型数据库就是由二维表及其之间的联系组成的一个数据组织。下面列出了关系模型中的常用概念。

（1）关系：可以理解为一张二维表，每个关系都具有一个关系名，就是通常说的表名。

（2）元组：可以理解为二维表中的一行，在数据库中经常被称为记录。

（3）属性：可以理解为二维表中的一列，在数据库中经常被称为字段。

（4）域：属性的取值范围，也就是数据库中某一列的取值范围。

（5）关键字：一组可以唯一标识元组的属性，数据库中常称为主键，由一个或多个列组成。

（6）关系模式：指对关系的描述，其格式为：关系名（属性 1，属性 2，…，属性 N）。在数据库中通常称为表结构。如图 1－1 所示的“教师基本信息表”就是一个典型的关系型数据库。

教师基本信息表

教工号	姓名	性别	民族	政治面貌	学历	职称	入职时间	系部	联系电话
1980012	赵华	男	汉	党员	专科	讲师	1980/2/10	02	15925555652
1980016	张兰	女	汉	群众	本科	讲师	1980/2/8	01	15512036503
1981015	周涛	男	满	团员	硕士	副教授	1981/10/12	03	15656565528
1982011	张强	男	回	党员	硕士	副教授	1982/9/16	02	15485141615
1983027	黄新	男	汉	群众	硕士	教授	1983/9/1	06	18645678912
1989006	刘燕	女	汉	团员	博士	教授	1989/11/10	06	15612345678
1989010	杨丽	女	汉	团员	本科	教授	1989/3/10	04	15668662260
1989017	王乐乐	女	汉	群众	硕士	讲师	1989/8/1	01	13622034509
1990001	范华	男	蒙	党员	本科	副教授	1990/12/24	02	13260425956
2000003	高文泽	男	汉	团员	博士	副教授	2000/7/10	03	18645678915
2000019	冯月月	女	蒙	群众	本科	助教	2000/3/8	06	15612345688
2001018	贾晓燕	女	汉	党员	本科	讲师	2001/7/1	02	18647208912

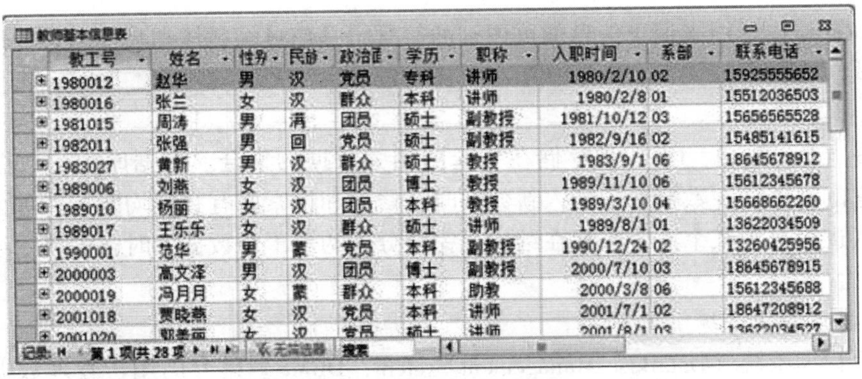

图 1－1　关系型数据库

2. Access 2010 介绍

1）Access 2010 概述

Microsoft Office Access（简称 Microsoft Access）是由微软发布的关联式数据库管理系统。它结合了 Microsoft Jet Database Engine 和图形用户界面两项特点，是 Microsoft Office 的成员之一。它具有界面友好、易学易用、开发简单、接口灵活等特点，是典型的新一代桌面数据库管理系统。Access 管理各种数据库对象，具有强大的数据组织、用户管理、安全检查等功能。在一个工作组级别的网络环境中，使用 Access 开发的多用户数据库管理系统具有传统的 xBASE（dBASE、FoxBASE 的统称）数据库系统所无法实现的客户/服务器（Client/Server，C/S）结构和相应的数据库安全机制。

Access 提供了表设计器、查询设计器、宏设计器和报表设计器等多种可视化的操作工具，以及数据库向导、表向导、查询向导、窗体向导和报表向导等多种向导，它还为开发者提供了 Visual Basic for Application（VBA）编程功能。用户不用编写一行代码，就可以在短时间里开发出一个功能强大且相当专业的数据库应用程序，并且这一过程完全是可视的，如果能给它加上一些简短的 VBA 代码，那么开发出的程序就与专业程序员潜心开发的程序一样了。

Access 应用广泛，它不仅可以作为个人的关系数据库管理系统（RDBMS）来使用，而且还可以用在中小型企业和大型公司中，用来管理大型的数据库。例如，创建一个包含所有家庭成员的姓名、电子邮件、爱好、生日、健康状况等信息的数据库；在一个小型企业或者学校中，可以使用 Access 简单而又强大的功能来管理运行业务所需要的数据；大型公司中，能够链接工作站、数据库服务器或者主机上的各种数据库格式；作为大型数据库解析，特别适合于创建客户/服务器应用程序的工作站部分。

2）Access 2010 的特点

（1）友好的用户界面。

Access 2010 通过其用户界面、新的导航窗格和选项卡式窗口视图为用户提供全新的体验。即便用户没有数据库经验，也可以跟踪信息并创建数据表、查询和窗体等对象。

（2）使用预制的解决方案快速入门。

通过内容丰富的预制解决方案库，用户可以立即开始跟踪自己的信息。为了方便用户，程序中已经建立了一些表单和报表，用户可以轻松地自定义这些表单和报表以满足业务需求。联系人、问题跟踪、项目跟踪和资产跟踪方案是 Access 2010 包含的现成解决方案的一部分。

（3）创建具有相同信息的不同视图的多个报表。

在 Access 2010 中创建报表真正能体验到"所见即所得"。用户可以根据实时可视反馈修改报表，并可以针对不同观众保存不同的视图。新的分组窗格以及筛选和排序功能可以帮助显示信息，使用户能做出更明智的业务决策。

（4）可以迅速创建表，而无须担心数据库的复杂性。

借助自动数据类型检测，在 Access 2010 中创建表就像处理 Excel 表格一样容易。输入信息后，Access 2010 将识别该信息是日期、货币还是其他常用数据类型。用户甚至可以将整个 Excel 表格粘贴到 Access 2010 中，以便利用数据库的强大功能跟踪信息。

（5）使用全新字段类型，实现更丰富的方案。

Access 2010 支持附件和多值字段等新的字段类型。可以将任何文档、图像或电子表格附加到应用程序中的任何记录中。

（6）直接通过源收集和更新信息。

通过 Access 2010，用户可以使用 Microsoft Office InfoPath 2010 或 HTML 创建表单来为数据库收集数据。然后，可通过电子邮件向队友发送此表单，并使用队友的回复填充和更新 Access 表，而无须重新输入任何信息。

（7）通过 Microsoft Windows SharePoint Services 共享信息。

使用 Windows SharePoint Services 和 Access 2010 与工作组中的其他成员共享 Access 信息。借助这两种应用程序的强大功能，工作组成员可以直接通过 Web 界面访问和编辑数据以及查看实时报表。

（8）使用 Access 2010 的丰富客户端功能。

通过跟踪 Windows SharePoint Services 列表可将 Access 2010 用作多信息客户端界面，通过 Windows SharePoint Services 列表分析和创建报表。甚至还可以使列表脱机，然后在重新连接到网络时对所有更改进行同步处理，从而让用户可以随时轻松地处理数据。

（9）提高管理能力。

通过对数据库运用 Windows SharePoint Services 技术可以提高数据透明性。这样可以例行地将数据备份到服务器上，恢复删除数据，跟踪修订历史，设置访问权限，从而让用户更好地管理信息。

（10）访问和使用多个数据源中的信息。

通过 Access 2010，用户可以将其他 Access 数据库、Excel 电子表格、Windows SharePoint Services 网站、ODBC 数据源、Microsoft SQL Server 数据库和其他数据源中的表链接到自己的数据库。然后，可以使用这些链接的表轻松地创建报表，从而根据更全面的信息来做出决策。

3. 认识 Access 2010 的工作界面

1）开始使用 Access

用户从"开始"菜单或桌面快捷方式启动 Access 2010，将显示"开始使用 Microsoft Office Access"页。此时用户可以创建一个新的空白数据库或者通过模板创建数据库，或者打开最近的数据库（如果之前打开过某些数据库），如图 1 – 2 所示。

此外，还可以直接转到 Microsoft Office Online 网站以了解有关 Microsoft Office Access 2010 的详细信息，也可以单击 Office 按钮，使用菜单打开现有的数据库。

图 1 – 2　"开始使用 Microsoft Office Access"页界面

2）用户界面

单击"空白数据库"按钮，创建空白数据库，进入 Access 用户界面。Access 2010 采用了一种全新的用户界面，相对于旧版本 Access 2000、Access 2003 等，用户界面发生了相当大的变化。这种界面可以帮助用户提高工作效率。

此时，使用默认的文件名"Database1"，单击"创建"按钮，创建一个名字为"Database1"的数据库。一个全新的 Access 2010 界面如图 1 - 3 所示。

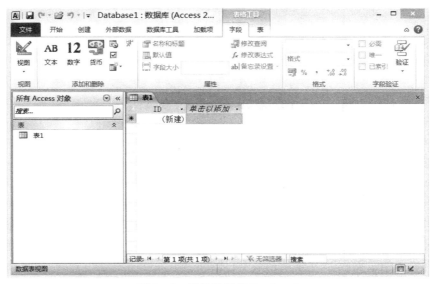

图 1 - 3 默认数据库 Database1

3）功能区

"功能区"位于程序窗口顶部的位置，以选项卡的形式将各种相关的功能组合在一起。使用 Access 2010 的"功能区"，可以更快地查找相关命令组。同时，使用这种选项卡式的"功能区"，使各种命令的位置与用户界面更加接近，各种功能按钮不再嵌入菜单中，大大方便了用户的使用。

"功能区"有 5 个选项卡，分别为"开始""创建""外部数据""数据库工具"和"数据表"。

另外，当用户用设计视图创建一个对象时，会出现"上下文命令"选项卡。例如，当用户在设计视图中设计一个数据表时，会出现"表工具"下的"设计"选项卡，如图 1 - 4 所示。

图 1 - 4 "表工具 设计"选项卡界面

用设计视图创建不同对象时，在对象设计工具下会出现不同数量和功能的选项卡。例如，用报表设计视图创建一个报表时，会出现"报表设计工具"下的三个选项卡"设计"

"排列""页面设置"。

　　4）导航窗格

　　"导航窗格"区域位于窗口左侧，用以显示当前数据库中的各数据库对象。导航窗格取代了 Access 早期版本中的数据库窗口。单击"导航窗格"上方的小箭头，即可弹出"浏览类别"菜单，可以在该菜单中选择查看对象的方式，如图 1－5 所示。

图 1－5　"浏览类别"菜单界面

　　5）Office 按钮

　　Office 按钮位于程序窗口的左上角，单击该按钮后可以打开菜单和列表，如图 1－6 所示。Office 菜单包括"新建""打开""转换""保存""另存为""打印""管理""电子邮件""发布""关闭数据库"等命令，菜单右侧列出了最近使用过的文档。

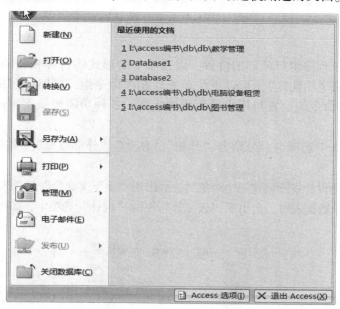

图 1－6　Office 菜单界面

　　6）"快速访问"工具栏

　　Office 按钮右侧为快速访问工具栏，默认状态下包括"保存"按钮、"撤销"按钮、"重复"按钮。单击"快速访问"工具栏右边的小箭头，可以弹出"自定义快速访问工具栏"菜单,用户可以在该菜单中设置要在该工具栏中显示的图标,如图1-7所示。

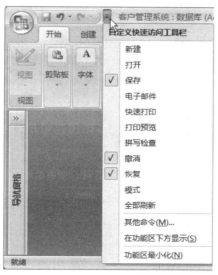

图1-7 "快速访问"工具栏界面

7)"Access帮助"按钮

单击Access中的"Access帮助"按钮,即可弹出"Access帮助"窗口。在"Access帮助"窗口中,用户可以单击"浏览Access帮助"链接,即可查看详细的帮助类别。

8)Access 2010的启动和退出

启动Access 2010主要有以下3种方法。

方法1:选择"开始"|"程序"|Microsoft Office|Microsoft Office Access 2010命令即可成功启动Access 2010。

方法2:如果已经在桌面上创建了Access 2010的快捷方式图标,直接双击快捷方式图标即可。

方法3:双击Access 2010数据库文件。

要退出Access 2010,直接单击Access窗口右上角的"关闭"按钮即可。

4. 了解Access 2010数据库的六大组成对象

Access 2010数据库主要由表、查询、窗体、报表、宏和模块六大对象组成。

1)表

表是Access 2010数据库最基本的组成对象,它以行和列的方式来记录和存储数据,如图1-8所示。在Access 2010数据库中,表是其他的几个对象,如查询、报表等对象的数据源。

虽然不同的表存储的数据不同,但它们都有共同的表结构:字段和记录。表的第一行为标题行,表中除标题行之外的每一行称为一条记录,用来描述一个对象的信息;表的每一列称为一个字段,用来描述对象的一个属性,最上方的标题行显示了字段的名称(必须有字段名称)。

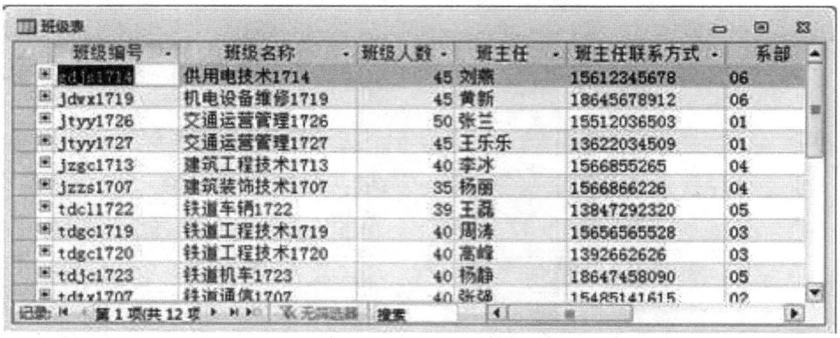

班级表

班级编号	班级名称	班级人数	班主任	班主任联系方式	系部
gdjs1714	供用电技术1714	45	刘燕	15612345678	06
jdwx1719	机电设备维修1719	45	黄新	18645678912	06
jtyy1726	交通运营管理1726	50	张兰	15512036503	01
jtyy1727	交通运营管理1727	45	王乐乐	13622034509	01
jzgc1713	建筑工程技术1713	40	李冰	1566855265	04
jzzs1707	建筑装饰技术1707	35	杨丽	1566866226	04
tdcl1722	铁道车辆1722	39	王磊	13847292320	05
tdgc1719	铁道工程技术1719	40	周涛	15656565528	03
tdgc1720	铁道工程技术1720	40	高峰	1392662626	03
tdjc1723	铁道机车1723	40	杨静	18647458090	05
tdtx1707	铁道通信1707	40	张强	15485141615	02

记录: 第 1 项(共 12 项 无筛选器 搜索

图 1－8　Access 2010 数据表

在 Access 2010 中，一个数据库通常由若干个表组成，并且在每个表的数据之间，以及每个表之间都存在联系。

2）查询

查询也是数据库中应用最多的对象之一，其最常用的功能是从表中检索出特定的数据。查询功能是 Access 2010 数据库中最强的一项功能。用户可利用查询工具，通过指定字段、建立计算表达式以及定义每个字段的筛选条件等，对存储在 Access 2010 表中的有关信息进行查询。

3）窗体

窗体是用来处理数据的界面。由于在表中直接输入或修改数据不直观，而且容易出现错误，因此可以专门设计一个窗体，用于输入、修改、显示或查询数据等。

4）报表

报表主要用来预览和打印数据库中的特定数据。报表中大多数信息来自表、查询或 SQL 语句，它们是报表数据的来源。

5）宏

宏是若干个操作的组合，可以使用它来自动完成某些任务。通过触发一个宏可以更为方便地在窗体或报表中操作数据，如它可以执行打开表或窗体、运行查询、运行打印、修改数据结构、修改数据表中的数据、插入记录、删除记录、关闭数据表、运行其他宏、执行菜单命令，以及为打开的窗口规定尺寸等操作。当数据库中有大量重复性的工作需要处理时，使用宏是最佳的选择。

6）模块

模块是用 Access 2010 提供的 VBA 语言编写的程序段。VBA（Visual Basic for Applications）语言是 Microsoft Visual Basic 的一个子集。

模块分为类模块和标准模块。窗体和报表模块都是类模块，而且它们各自与某一窗体或报表相关联。窗体和报表模块通常都含有事件过程，该过程用于响应窗体或报表中的事件，例如用鼠标单击某个命令按钮。标准模块包含通用过程和常用过程，通用过程不与任何对象相关联，通用过程可以在数据库中的任何位置运行。

任务1 "教学管理"数据库的需求分析与设计

任务描述

通过对教学管理数据库进行需求分析，明确系统的功能，根据数据库所要管理的数据，确定数据库中需要的表及表的结构，即确定各表中需要的字段和字段的数据类型。

任务分析

"教学管理"数据库主要管理全校学生的个人信息、课程成绩、教师个人信息、授课情况以及学生家长联系方式，所以需要设计学生基本信息表、课程表、成绩表、班级表、教师基本信息表、系部表、教师授课表、学生家长信息表等8个数据表。

任务实施

"教学管理"数据库中，需要的数据表以及表的结构如下。

1. 学生基本信息表

学生基本信息表中保存学生的个人信息，表结构见表1-1。

表1-1 学生基本信息表的表结构

字段名称	数据类型	字段名称	数据类型
学号	文本	出生日期	日期/时间
姓名	文本	家庭地址	文本
性别	文本	入学成绩	数字
政治面貌	文本	班级编号	文本

2. 课程表

课程表中保存课程的基本信息，表结构见表1-2。

表1-2 课程表的表结构

字段名称	数据类型	字段名称	数据类型
课程号	文本	考核方式	文本
课程名称	文本	是否必修	是/否
课时	数字		

3. 成绩表

成绩表中保存学生的课程成绩，表结构见表1-3。

表 1 – 3　成绩表的表结构

字段名称	数据类型	字段名称	数据类型
学号	文本	成绩	数字
课程号	文本		

4. 班级表

保存学校各班级的基本信息，表结构见表 1 – 4。

表 1 – 4　班级表的表结构

字段名称	数据类型	字段名称	数据类型
班级编号	文本	班主任	文本
班级名称	文本	系部	文本

5. 教师基本信息表

教师基本信息表保存教师的个人信息，表结构见表 1 – 5。

表 1 – 5　教师基本信息表的表结构

字段名称	数据类型	字段名称	数据类型
教工号	文本	工作时间	日期/时间
姓名	文本	职称	文本
性别	文本	联系电话	文本
民族	文本	系部	文本

6. 系部表

系部表保存全校各系部的信息，表结构见表 1 – 6。

表 1 – 6　系部表的表结构

字段名称	数据类型	字段名称	数据类型
系部编号	文本	系部名称	文本

7. 教师授课表

教授授课表保存教师所授课程和授课班级的信息，表结构见表 1 – 7。

表 1 – 7　教授授课表的表结构

字段名称	数据类型	字段名称	数据类型
教工号	文本	班级编号	文本
课程号	文本		

8. 学生家长信息表

学生家长信息表保存学生的家长联系方式，表结构见表1-8。

表1-8 学生家长信息表的表结构

字段名称	数据类型	字段名称	数据类型
学号	文本	联系方式	文本
家长姓名	文本	家庭住址	文本

任务2 创建"教学管理"数据库

任务描述

创建一个空数据库，保存为"教学管理"。

任务分析

启动 Access 2010，创建一个 Access 2010 数据库。

任务实施

步骤1. 在"开始使用 Microsoft Office Access"界面中选择"空白数据库"选项，然后在右侧"空白数据库"区域中输入数据库的名称为"教学管理"，单击右侧 📁 按钮设置数据库的存放位置，如图1-9所示。

图1-9 创建名为"教学管理"的 Access 2010 数据库

步骤2. 单击"创建"按钮，进入 Access 2010 主界面，可以看到界面中已经创建了一个名称为"教学管理"的数据库，如图 1-10 所示。

图 1-10　已创建的"教学管理"数据库

步骤3. 当对 Access 2010 数据库的操作结束后，若要关闭数据库，可单击"Office 按钮"，从弹出的列表中选择"关闭数据库"选项，如图 1-11 所示，此时将回到 Access 2010 开始页。

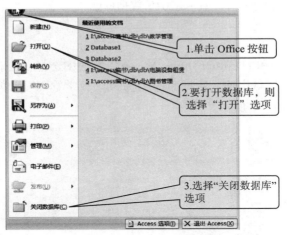

图 1-11　Office 按钮

若希望直接退出 Access 2010 程序，则可单击 Access 2010 程序右上角的"关闭"按钮，或在图 1-11 所示的"Office 按钮"中单击"退出 Access"按钮。

知识链接

1. 利用模板创建数据库

步骤1. 在"开始使用 Microsoft Office Access"界面左侧"模板类型"区域中选择"本地模板"选项，然后在中间"本地模板"列表区域中选择一个模板，例如"罗斯文 2010"，在界面右侧的"文件名"文本框中，可以更改数据库的名称，例如将名称改为"企业经营",然后单击 按钮设置数据库的存放位置。

步骤2. 然后单击"创建"按钮,弹出"正在准备模板"提示信息。

步骤3. 模板准备完成,系统弹出登录对话框,在此对话框中单击"登录"按钮,进入用模板创建的数据库主界面,在此就可以根据自己的实际需要来更改模板提供的数据表、窗体、模板、宏等。

步骤4. 如果想要创建在 Windows SharePoint Services 网站上共享的数据库,可以在"开始使用 Microsoft Office Access"界面上创建数据库时,选中"创建数据库并将其链接到 Windows SharePoint Services 网站"复选框。然后单击"创建"按钮,弹出"在 SharePoint 网站上创建"对话框,在"您要想使用哪个 SharePoint 网站?"文本框中输入 SharePoint 网站的名称,输入完成后单击"下一步"按钮,然后按照提示信息,一步一步完成网络数据库的创建过程。

2. 打开数据库

要打开已存在的数据库进行操作,在如图 1 – 11 所示的 Office 按钮列表中选择"打开"项,或按 Ctrl + O 组合键。

弹出"打开"对话框,在该对话框中选择要打开的数据库,然后单击"打开"按钮,即可打开选中的数据库。

思考与练习

1. Access 2010 数据库的数据库对象有几种? 分别是什么?
2. 什么是数据库? 什么是数据库管理系统?
3. 简述创建数据库的两种方法。

项目 2

数据表的创建与维护

● 学习目标

✽ 数据表的创建和编辑

✽ 数据表中字段的数据类型、属性

✽ 数据表之间的关系

✽ 数据表的排序和筛选

✽ 数据表的导入和导出

✽ 为数据库设置密码

表是 Access 数据库中最基本的对象，是数据库所有其他对象的数据源。因此，在设计数据库时应首先规划并创建好需要的表。本项目中，将通过为"教学管理"数据库设计表，来学习建表、设置字段属性、设置表关系、对表和表中记录进行维护的方法。

任务 1 创建数据表

任务描述

1. 使用表设计器创建学生基本信息表。
2. 使用数拓表创建成绩表。
3. 导入 Excel 数据创建课程表。

任务分析

使用"表设计器"是最常用的创建表的方法，使用该方法可以详细设置每个字段属性。对于字段比较少而且不用设置复杂属性，或者只为了临时存储一些数据的表，可以通过直接输入字段名和相关记录来创建表，也可直接导入 Excel 表来生成数据表。

任务实施

任务 1 - 1 使用表设计器创建学生基本信息表

在项目 1 中通过需求分析已经确定了教学管理数据库中各表的表结构，学生基本信息表的表结构见表 1 - 1。

步骤 1. 切换到"创建"选项卡，单击"表格"组的"表设计"按钮，如图 2 - 1 所示。

步骤2. 打开表设计器界面，单击"字段名称"列的第一行，在其中输入"学号"；单击该行的"数据类型"列，从下拉列表中选择"文本"（系统默认选择"文本"类型），如图2-2所示。

图2-1 单击"表设计"按钮

图2-2 添加字段

步骤3. 依据表1-1所列的字段名称及其数据类型，重复步骤2，依次定义其他字段，完成的学生基本信息表的设计视图如图2-3所示。

步骤4. 单击"快速访问工具栏"上的"保存"按钮，将所创建的表命名为"学生基本信息表"，然后单击"确定"按钮，如图2-4所示。

图2-3 学生基本信息表的表结构

图2-4 数据表的命名

步骤5. 此时会弹出图2-5所示的对话框，提示是否定义主键，单击"否"按钮，暂时不设置主键（如果单击"是"，可直接设置自动编号主键），完成表的保存操作。

图2-5 设置主键提示框

步骤6. 如果此时不需要在表中添加记录，可单击右上角的"关闭"按钮关闭表，否则可以单击"表工具—设计"选项卡"视图"组中"视图"按钮下的三角按钮，在弹出的下拉列表中选择"数据表视图"，切换到表的数据表视图，然后在表中输入学生的记录，如图2-6所示。最后保存该表并关闭即可。

图2-6　学生基本信息表

步骤7．设置主键。打开学生基本信息表的设计视图，单击选中"学号"字段，然后单击"表工具—设计"选项卡"工具"组的"主键"按钮，即可设置"学号"字段为主键，其左侧会显示 ▓，如图2-7所示，最后保存并关闭"学生基本信息表"。

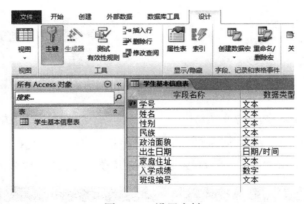

图2-7　设置主键

主键的相关知识见本任务后面的知识链接。

任务1-2　使用数据表视图创建成绩表（如图2-8所示）

成绩表的表结构见表1-3。

步骤1．打开教学管理数据库，切换到"创建"选项卡，单击"表格"组的"表"按钮，如图2-1所示，可以创建一个新的空白表，并进入该表的数据表视图，如图2-9所示。

学号	课程号	成绩	单击以添加
201721060603	001	19	
201721060603	002	79	
201721060603	003	95	
201721060603	004	85	
201721060603	007	70	
201721060603	008	67	
201721060604	001	74	
201721060604	002	88	
201721060604	003	90	
201721060604	004	88	
201721060604	007	90	
201721060604	008	80	
201721060605	001	80	
201721060605	002	57	
201721060605	003	86	
201721060605	004	86	
201721060605	007	50	
201721060605	008	70	
201721060651	001	76	
201721060651	002	86	
201721060651	003	64	

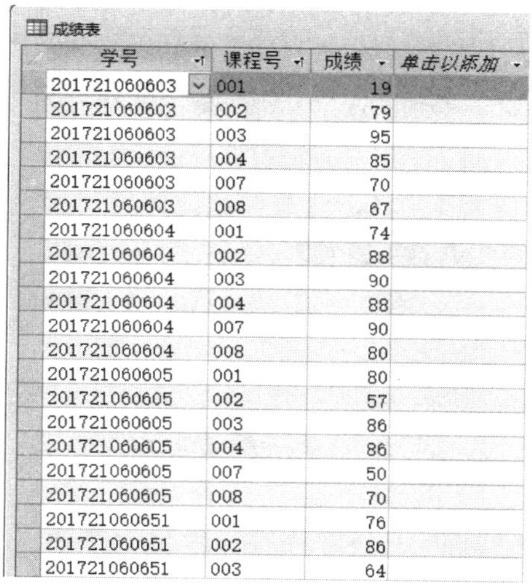

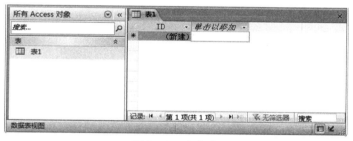

图 2－8 成绩表

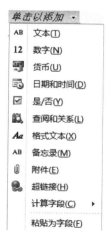

图 2－9 空白表

步骤 2. 单击“单击以添加”列标题，在下拉列表中选择字段的“数据类型”，即选择“文本”，如图 2－10 所示，选中字段类型后，将添加一列“字段 1”，将“字段 1”修改为“学号”字段，按回车键，完成字段的添加，如图 2－11 所示。

步骤 3. 用同样的方法添加“课程号”（文本）和“成绩”（数字）字段。

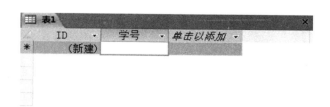

图 2－10 数据类型列表

图 2－11 设置字段名

步骤 4. 定义好表的结构后，可单击字段下方的单元格，输入记录。

步骤 5. 单击"表1"窗口的关闭按钮，在弹出的"另存为"对话框中输入"成绩表"，如图 2 – 12 所示。单击"确定"按钮后，"成绩表"将显示在 Access 窗口左侧的导航窗格中，如图 2 – 13 所示。

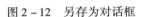

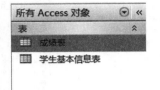

图 2 – 12　另存为对话框　　　　　　　　　图 2 – 13　导航窗格

步骤 6. 打开成绩表的设计视图，设置主键。学号和课程号两个字段可以唯一的标识成绩表中的一条记录，所以在成绩表中，同时选中"学号"和"课程号"两个字段（按住 Ctrl 键的同时单击学号和课程号字段的"行选定器"），单击"表工具—设计"选项卡"工具"组的"主键"按钮即可，如图 2 – 14 所示。

字段名称	数据类型	说明(可选)
🔑 学号	短文本	
🔑 课程号	短文本	
成绩	数字	

图 2 – 14　成绩表的主键

任务 1 – 3　导入 Excel 数据创建课程表

课程表在"学生管理工作簿.xlsx"的"学生课程表"工作表中，如图 2 – 15 所示。

	A	B	C	D	E	F
1	课程号	课程名称	课时	是否必修	考核方式	
2	001	高等数学	72	是	考试	
3	002	大学语文	72	是	考试	
4	003	政治	40	是	考查	
5	004	大学英语	72	是	考试	
6	005	C语言	64	是	考查	
7	006	数据库应用	60	是	考查	
8	007	计算机基础	64	是	考查	
9	008	铁道概论	68	是	考试	
10	009	行车安全	104	是	考试	
11	010	货运组织	80	是	考试	
12	011	音乐欣赏	32	否	考查	
13	012	心理健康	32	否	考查	
14	013	体育	36	是	考查	
15	014	图形处理	32	否	考查	
16	015	网球	32	否	考查	
17						

图 2 – 15　学生课程表

步骤 1. 打开教学管理数据库，选择"外部数据"选项卡，选择"Excel"，如图 2－16 所示。

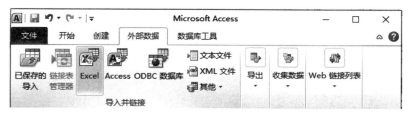

图 2－16 "外部数据"——"Excel"

步骤 2. 打开"导入"对话框，指定 Excel 数据源，选择"将数据源导入当前数据库的新表中"单选按钮，如图 2－17 所示，单击"确定"按钮。

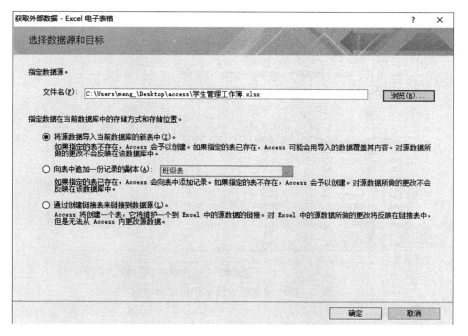

图 2－17 指定 Excel 数据源

步骤 3. 选择合适的工作表或区域。从显示的工作表中选择"学生课程表"，如图 2－18 所示，单击"下一步"按钮。

步骤 4. 设置是否包含列标题作为字段名称。如果工作表中有列标题，则选择"第一行包含列标题"复选框，如图 2－19 所示，单击"下一步"按钮。

步骤 5. 进入如图 2－20 所示的界面，这里可以对字段信息进行修改，单击"下一步"按钮。

步骤 6. 设置主键。选择"我自己选择主键"，从下拉列表中选择"课程号"，如图 2－21 所示，单击"下一步"按钮。

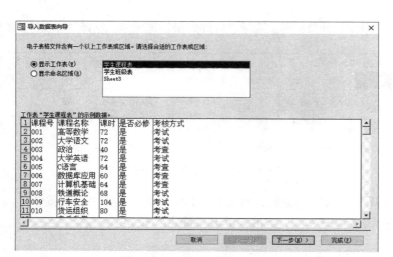

图 2-18　选择工作表或区域

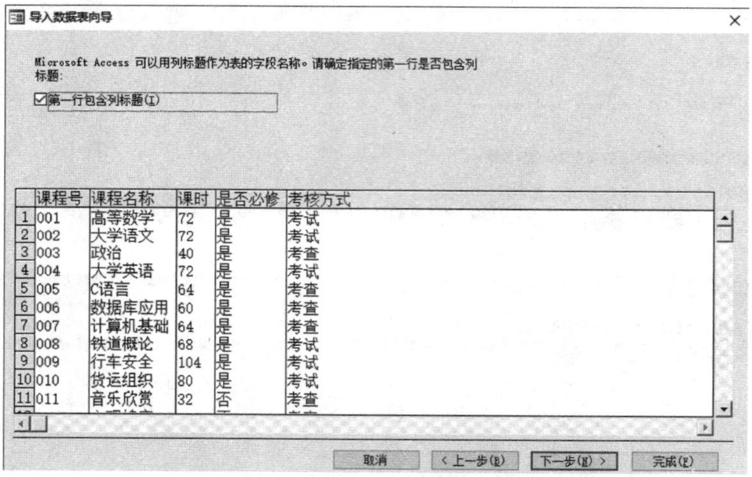

图 2-19　设置第一行是否包含列标题

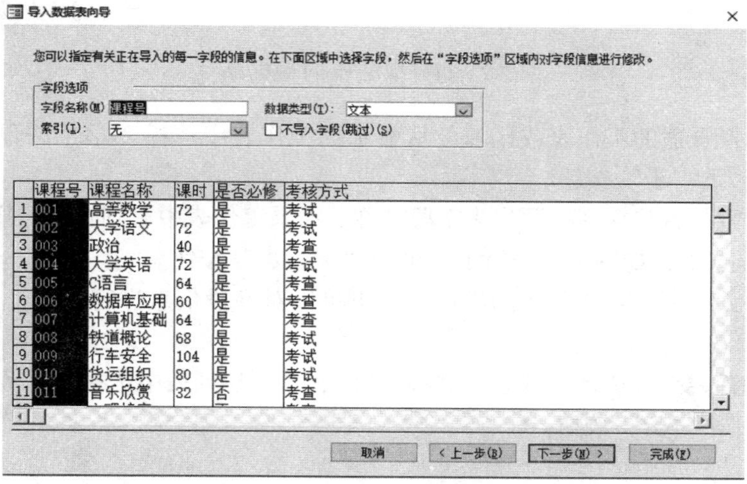

图 2-20　编辑 Excel 表中字段信息

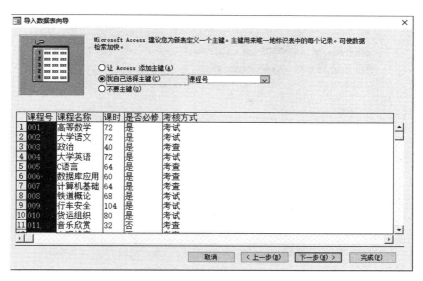

图 2-21 设置主键

步骤 7. 设置导入表的名称。输入"课程表"，如图 2-22 所示，单击"完成"按钮。

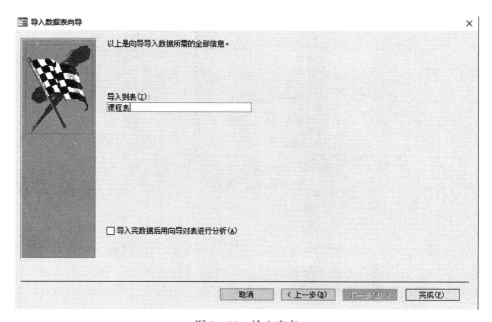

图 2-22 输入表名

步骤 8. 可以保存导入步骤，以便以后重复该操作（本例未保存），如图 2-23 所示，单击"关闭"按钮，即可导入成功，导入的课程表如图 2-24 所示。

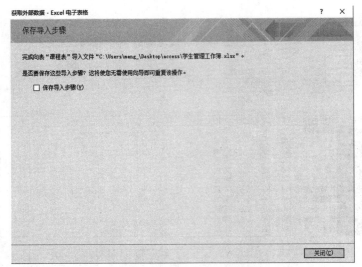

图 2-23　保存导入步骤窗口

课程号	课程名称	课时	是否必修	考核方式
001	高等数学	72	是	考试
002	大学语文	72	是	考试
003	政治	40	是	考查
004	大学英语	72	是	考试
005	C语言	64	是	考查
006	数据库应用	60	是	考查
007	计算机基础	64	是	考查
008	铁道概论	68	是	考试
009	行车安全	104	是	考试
010	货运组织	80	是	考试
011	音乐欣赏	32	否	考查
012	心理健康	32	否	考查
013	体育	36	是	考查
014	图形处理	32	否	考查
015	网球	32	否	考查

图 2-24　课程表

小　结

在表设计器中，"字段名称"中的字段就是表中的每一列的名称。在这个操作界面上有多少个字段名称，表中就有多少个字段。字段后边的"数据类型"用来设置此字段所存放的数据类型。字段的数据类型除了可以在"数据类型"下拉列表中进行选择外，在下面的"常规"选项卡中还可以做进一步设置。关于字段类型的意义和详细设置方法，将在后面章节中专门进行叙述。

无论使用哪一种方法来创建表结构，用户都可以在设计视图中重新定义和修改表结构，如增加和删除字段，以及设置或改变字段的数据类型和属性等。

在 Access 数据库中，数据表可以在"设计视图"和"数据表视图"两种不同的视图中打开，在"设计视图"中创建或修改表结构，在"数据表视图"中输入或者查看表的记录数据。

上机实践

1. 使用设计视图创建教师基本信息表和教师授课表，并设置主键，每个数据表中录入5条记录。

教师基本信息表和教师授课表的表结构见表1-5和表1-7，教师基本信息表的部分记录如图2-25所示，教师授课表的部分记录如图2-26所示。

教工号	姓名	性别	民族	职称	工作时间	系部	联系电话
1980012	赵华	男	汉	讲师	1980/2/10	02	15925555652
1980016	张兰	女	汉	讲师	1980/2/8	01	15512036503
1981015	周涛	男	满	副教授	1981/10/12	03	15656565528
1982011	张强	男	回	副教授	1982/9/16	02	15485141615
1983027	黄新	男	汉	教授	1983/9/1	06	18645678912
1989006	刘燕	女	汉	教授	1989/11/10	06	15612345678
1989010	杨丽	女	汉	教授	1989/3/10	04	15668662260
1989017	王乐乐	女	汉	讲师	1989/8/1	01	13622034509
1990001	范华	男	蒙	副教授	1990/12/24	02	13260425956
2000003	高文泽	男	汉	副教授	2000/7/10	03	18645678915
2000019	冯月月	女	蒙	助教	2000/3/8	06	15612345688
2001018	贾晓燕	女	汉	讲师	2001/7/1	02	18647208912
2001020	郭美丽	女	汉	讲师	2001/8/1	03	13622034527
2001025	郝天	男	满	助教	2001/11/1	06	18547208912
2002005	李芳	女	蒙	讲师	2002/11/2	05	15612346678
2002014	周洁	女	汉	副教授	2002/5/10	01	13220102692
2002021	刘宇	男	汉	讲师	2002/10/1	03	18545678960
2003022	王鑫	女	满	讲师	2003/6/1	04	15612345675

图2-25　教师基本信息表

课程号	教工号	班级编号
007	1982011	tdxx1722
007	1989006	jtyy1726
007	1989006	jtyy1727
002	1989010	tdxx1722
003	1989010	tdxx1722
001	1990001	jtyy1726
001	1990001	jtyy1727
002	2000003	jtyy1727
003	2002005	jtyy1726
008	2002014	jtyy1727
008	2002014	jtyy1726
004	2002021	tdxx1722
004	2005004	jtyy1726
004	2005004	jtyy1727
003	2006008	jtyy1727
008	2006008	tdxx1722
001	2009009	tdxx1722
002	2013002	jtyy1726

图2-26　教师授课表

2. 使用数据表创建如图2-27所示的系部表，并设置主键。系部表的表结构见表1-6。

3. 在教学管理数据库中，导入"学生管理工作簿.xlsx"中的"学生班级表"工作表的数据，创建班级表，并设置班级表的主键。

"学生管理工作簿.xlsx"的学生班级表如图2-28所示，导入成功后创建如图2-29所示的班级表。

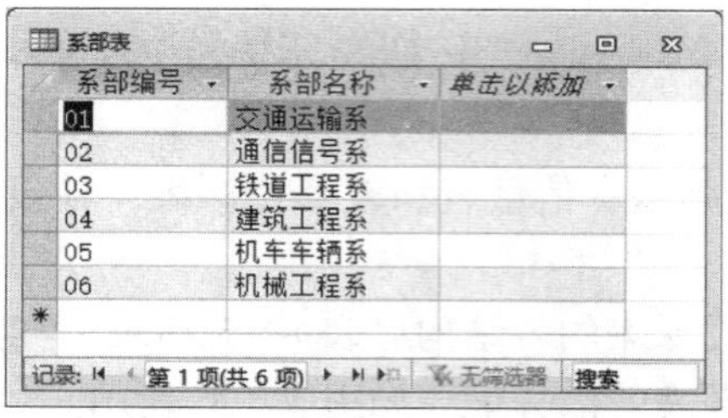

系部编号	系部名称
01	交通运输系
02	通信信号系
03	铁道工程系
04	建筑工程系
05	机车车辆系
06	机械工程系

图 2－27　系部表

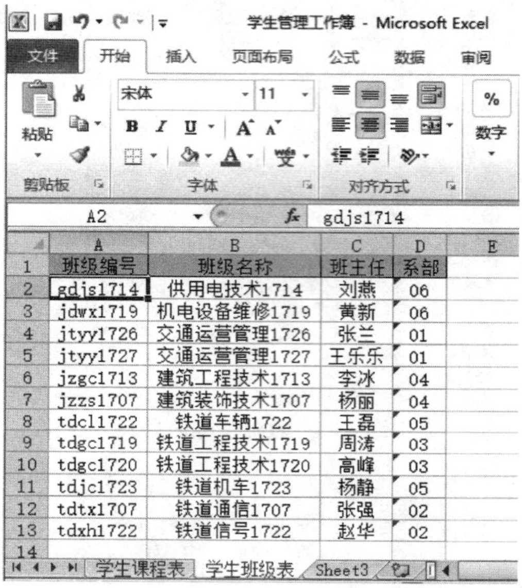

班级编号	班级名称	班主任	系部
gdjs1714	供用电技术1714	刘燕	06
jdwx1719	机电设备维修1719	黄新	06
jtyy1726	交通运营管理1726	张兰	01
jtyy1727	交通运营管理1727	王乐乐	01
jzgc1713	建筑工程技术1713	李冰	04
jzzs1707	建筑装饰技术1707	杨丽	04
tdcl1722	铁道车辆1722	王磊	05
tdgc1719	铁道工程技术1719	周涛	03
tdgc1720	铁道工程技术1720	高峰	03
tdjc1723	铁道机车1723	杨静	05
tdtx1707	铁道通信1707	张强	02
tdxh1722	铁道信号1722	赵华	02

图 2－28　Excel 工作表“学生班级表”

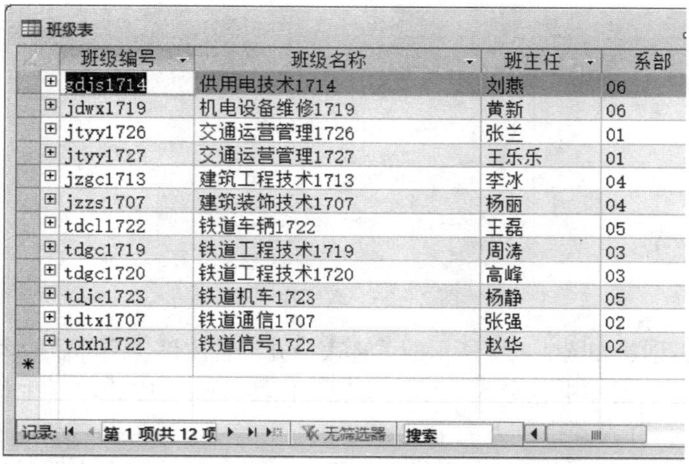

班级编号	班级名称	班主任	系部
gdjs1714	供用电技术1714	刘燕	06
jdwx1719	机电设备维修1719	黄新	06
jtyy1726	交通运营管理1726	张兰	01
jtyy1727	交通运营管理1727	王乐乐	01
jzgc1713	建筑工程技术1713	李冰	04
jzzs1707	建筑装饰技术1707	杨丽	04
tdcl1722	铁道车辆1722	王磊	05
tdgc1719	铁道工程技术1719	周涛	03
tdgc1720	铁道工程技术1720	高峰	03
tdjc1723	铁道机车1723	杨静	05
tdtx1707	铁道通信1707	张强	02
tdxh1722	铁道信号1722	赵华	02

图 2－29　班级表

知识链接

1. 主关键字（简称主键）

主键指的是一个列或多列的组合，其值能唯一地标识表中的每一行，所以主键的值不可重复，也不可为空（NULL）。主键可强制表的实体完整性，主要是用于其他表的外键关联（建表关系），以及本记录的修改与删除。

Access 数据表中可以定义 3 种类型的主键，分别是自动编号、单字段及多字段主键。

1）自动编号主键

向表中添加每一条记录时，可将自动编号字段设置为自动输入连续数字的编号。将自动编号字段指定为表的主键是创建主键的最简单的方法。如果在保存新建的表之前没有设置主键，此时 Microsoft Access 将询问是否要创建主键。如果回答为"是"，将创建自动编号主键。

在学生基本信息表中，我们也可以将"学号"的类型设置为"自动编号"。当输入数据时，"学号"由系统自动产生连续数字的编号，如 1，2，3…，不需要用户自行输入。但当删除一条学生记录时，会同时删除这条记录的自动编号，将产生断号。

2）单字段主键

如果某些信息相关的表中拥有相同的字段，而且所包含的都是唯一的值，如学号或课程号，那么就可以将该字段指定为主键。如果选择的字段有重复值或 NULL 值，将无法将其设置为主键。

3）多字段主键（联合主键）

在不能保证任何的单字段都包含唯一值时，可以将两个或更多的字段指定为主键。这种情况最常出现在用于"多对多"关系中关联另外两个表的表。如果 A 表中的记录能与 B 表中的许多记录匹配，并且 B 表中的记录也能与 A 表中的多个记录匹配，此关系的类型仅能通过定义第 3 张表（称作"结合表"）的方法来实现，其主键包含两个字段，即来源于 A 和 B 两张表的主键。"多对多"关系实际上是使用第 3 张表的两个"一对多"关系。例如，学生基本信息表和课程表就有一个"多对多"关系，它是通过成绩表中两个"一对多"关系来创建的。

2. Access 2010 中的数据类型

在 Access 2010 数据库中主要有 10 种可用的字段数据类型：文本、备注、数字、时间、货币、自动编号、是/否、OLE 对象、超级链接和附件。数据类型的使用方法见表 2-1。

表 2-1　Access 常用数据类型

数据类型	用法	大小
文本	可存储由文本或数字字符组成的数据组合，也可以存储如名称、地址和任何不需计算的数字，如电话号码、部件编号或者邮政编码等	允许最大 255 个字符或数字，Access 2010 默认的大小是 255 个字符

数据类型	用法	大小
日期/时间	用来存储日期、时间或日期和时间一起的数据	每个日期/时间字段需要8B存储空间
备注	长文本及数字，例如备注、简历或说明。Access不能对备注字段进行排序或索引，却可以对文本字段进行排序和索引。在备注字段中虽然可以搜索文本，但却不如在有索引的文本字段中搜索得快	能够存储长达64 000个字符的内容
数字	可以用来存储进行算术计算的数字数据，用户还可以设置"字段大小"属性定义一个特定的数字类型，任何指定为数字数据类型的数字可以设置成"字节""整数""长整数""单精度数""双精度数""同步复制ID"和"小数"类型	在Access中通常默认为"双精度数"。长度为1B，2B，4B或8B。16B长的数字仅用于"同步复制ID"（GUID）
货币	等价于具有双精度属性的数字类型。向货币字段输入数据时，不必输入人民币符号和千位处的逗号，Access会自动显示人民币符号和逗号，保留两位小数。精确度为小数点左方15位数及右方4位数	8B
自动编号	每次向表格添加新记录时，Access会自动插入编号。自动编号一旦被指定，就会永久地与记录连接。如果删除了表格中含有自动编号字段的一个记录后，Access并不会为表格自动编号字段重新编号	4B
是/否	该类型是针对某一字段中只包含两种值而设立的字段，通过是/否数据类型的格式特性，用户可以对是/否字段进行选择	1B
OLE对象	设置该类型的字段允许单独地"链接"或"嵌入"OLE对象，指在其他使用OLE协议程序中创建的对象，例如Word文档、Excel电子表格、图像、声音或其他二进制数据	OLE对象字段最大可为1GB，它主要受磁盘空间限制
超链接	主要是用来保存超级链接的，包含作为超级链接地址的文本或以文本形式存储的字符与数字的组合。当单击一个超级链接时，Web浏览器或Access将根据超级链接地址到达指定的目标。	最多64 000个字符
查阅向导	创建允许用户使用的组合框，选择来自其他表或来自值列表中的值的字段。	与主键字段的长度相同，通常为4B
附件	通常用附件字段代替OLE对象字段。可以将多个文件存储在单个字段之中，也可以将多种类型的文件存储在单个字段之中	最多可以附加2GB的数据，单个文件的大小不得超过256MB

3. 数据类型的选择

对于某些数据而言，可以使用多种数据类型存放，例如，电话号码既可以使用文本，也可使用数值存放。那么，究竟该为字段选择哪一种数据类型呢？对于表中的数据，可以从以下方面考虑字段应该使用的数据类型。

（1）在字段中允许什么类型的值。例如，不能在数字类型的字段中保存文本数据。

（2）要用多少存储空间来保存字段中的值。

（3）要对字段中的值执行什么类型的运算。例如，Access 能够将数字或货币字段中的值求和，但不能对文本或 OLE 对象字段中的值进行此类操作。

（4）是否需要排序或索引字段。OLE 对象字段中的值不能排序或索引。

（5）是否需要在查询或报表中使用字段对记录进行分组。OLE 对象字段不能用于分组记录。

（6）如何排序字段中的值。数字或货币字段按照数值来排序数字。在文本字段中，将数字以字符串的形式来进行排序（如1，10，100，2，20，200 等），而不是作为数值来进行排序。如果将日期数据输入到文本字段中，则不能正确地排序。使用"日期/时间"字段可确保正确地排序日期。

任务 2　完善学生基本信息表

任务描述

编辑并完善学生基本信息表，要求如下：

1. 添加"联系电话"和"照片"字段，删除"入学成绩"字段，将"家庭地址"字段改为"生源地"。

2. "出生日期"字段以长日期显示。

3. "学号"字段的长度是固定 12 位的数字，输入错误时提示。

4. "性别"字段中只允许输入汉字的"男"或者"女"。

5. 为便于输入数据，政治面貌设置为查阅列表（团员、党员、群众）。

任务分析

在数据表的设计视图中，可以随时进行字段的添加、删除和修改操作，并且也可以设置字段的显示格式、字段值的约束以及默认值等。

任务实施

任务 2 - 1　完善学生基本信息表的表结构

步骤 1. 添加"联系电话"和"照片"字段。打开教学管理数据库，在导航窗口中单击鼠标右键"学生基本信息表"，在弹出菜单中选择"设计视图"，如图 2 - 30 所示。在"班级编号"下面的空行中输入"联系电话"和"照片"，并设置数据类型为文本和 OLE 对象，如图2-31所示。新添加的字段也可以插入在任何位置，选择插入位置上的字段行，单击鼠标右键选择"插入行"或选择"表格工具—设计"选项卡中的"工具"组的"插入行"按钮，即可在所选字段之前插入一个新行。

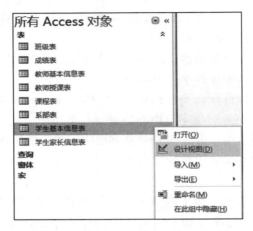

图2-30 打开学生基本信息表设计视图

字段名称	数据类型
学号	文本
姓名	文本
性别	文本
民族	文本
政治面貌	文本
出生日期	日期/时间
家庭住址	文本
入学成绩	数字
班级编号	文本
联系电话	文本
照片	OLE 对象

图2-31 添加"联系电话"和"照片"字段

步骤2. 删除"入学成绩"字段。在"入学成绩"字段这一行中任意位置单击鼠标右键，在弹出的快捷菜单中选择"删除行"命令，如图2-32所示，即可删除"入学成绩"字段。**注意**：删除字段时，该字段的值会一并被删除且不能恢复，所以删除时要谨慎。

步骤3. 将"家庭地址"字段改为"生源地"。将字段名"家庭地址"四个字删除后，输入"生源地"即可，如图2-33所示。

任务2-2 设置字段的属性

步骤1. 将"出生日期"字段以长日期显示。双击打开学生基本信息表，单击"视图"，从列表选择"设计视图"命令，如图2-34所示，切换到"学生基本信息表"的设计视图，选中"出生日期"字段，然后选择常规选项卡中"格式"下拉列表的"长日期"，如图2-35所示，单击"保存"按钮。

步骤2. 将"学号"字段的长度设置为12位，并在输入错误时进行提示。在设计视图中，选中"学号"字段，然后选择常规选项卡中的"字段大小"，设置为12，"输入掩码"中输入"000000000000"，如图2-36所示，保存设置。

图 2 - 32　删除"入学成绩"字段

图 2 - 33　将"家庭地址"字段名称改为"生源地"

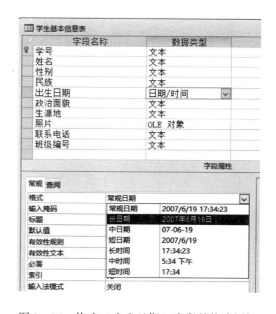

图 2 - 34　切换到设计视图

图 2 - 35　修改"出生日期"字段的格式属性

　　打开学生基本信息表的数据表视图，学号字段中只能输入数字，其他符号无法输入，并且输入长度不足 12 位时，会弹出提示信息，如图 2 - 37 所示，超过 12 位的也无法输入。

　　步骤 3. 设置"性别"字段只允许输入汉字的"男"或者"女"。在设计视图中，选中"性别"字段，在常规选项卡中的"有效性规则"中输入""男"Or "女""，注意双引号为英文标点符号，在"有效性文本"中输入"只能输入汉字'男'或者'女'！"，如图 2 - 38 所示，保存设置。

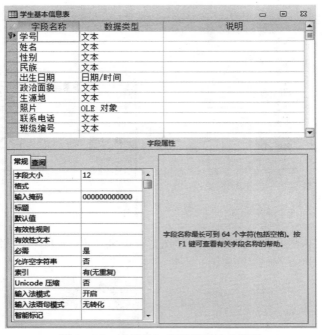

图 2 – 36　"学号"字段设置输入掩码

图 2 – 37　"学号"字段输入有误的效果 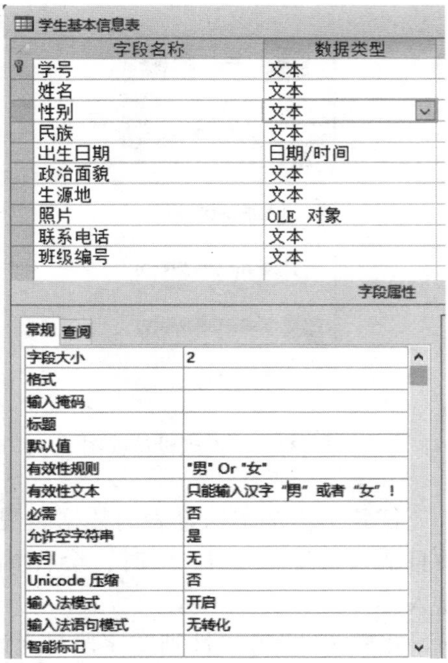　　　图 2 – 38　"性别"字段有效性规则的设置

　　当学生基本信息表的"性别"字段中输入的文字不是"男"或者"女"时，即弹出提示信息，如图 2 – 39 所示。

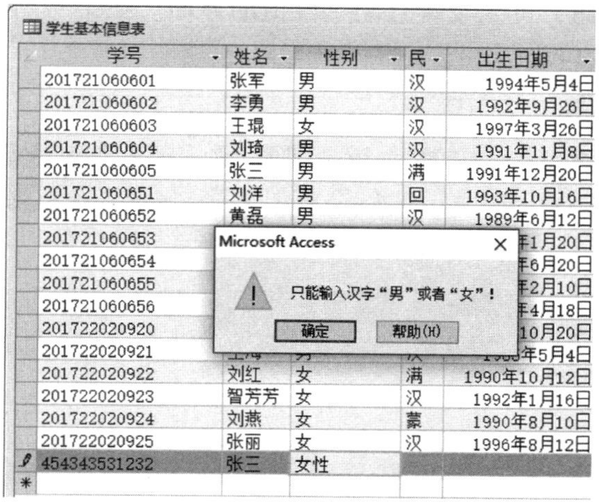

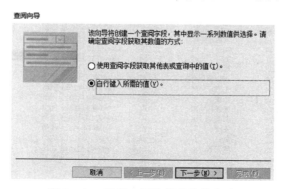

图2-39　"性别"字段的值输入有误的效果

步骤4.为"政治面貌"字段设置查阅列表,列表内容为"团员,党员,群众"。在设计视图,选中"政治面貌"字段,从数据类型下拉列表中选择"查阅向导",如图2-40所示。此时弹出"查阅向导"对话框。

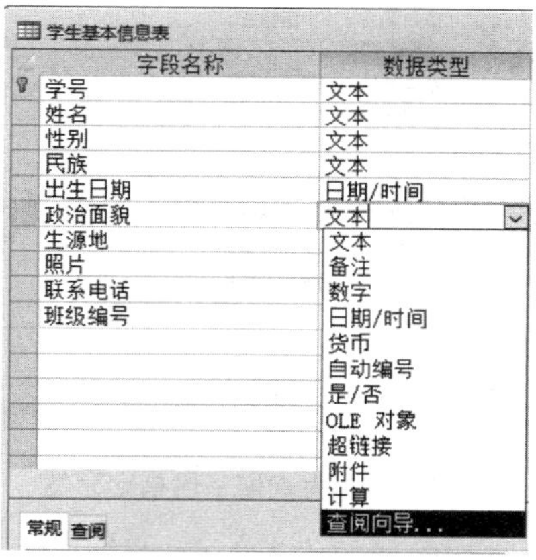

图2-40　添加现有字段

在对话框中,选择"自行键入所需的值"选项,如图2-41所示。

图2-41　选择查阅字段获取的方式

单击"下一步"按钮，进入设置查阅字段值的界面。在第一列下方键入"团员""党员""群众"，如图2－42所示。

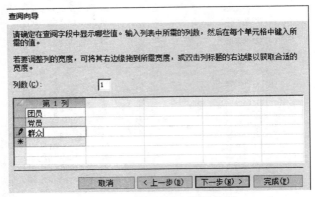

图2－42　自行键入所需的值

单击"下一步"按钮，进入设置查阅字段标签的界面。文本框中输入"政治面貌"，如图2－43所示。

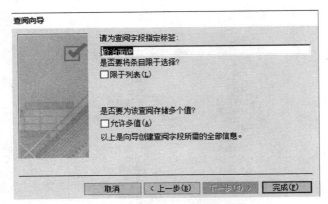

图2－43　为查询字段指定标签

单击"完成"按钮，完成查询向导的设置。此时输入政治面貌字段的值时，用户可以从下拉列表中选择需要的数据，提高输入效率，如图2－44所示。

学生基本信息表						
学号	姓名	性别	民	出生日期	政治面貌	生源地
201721060603	王琨	女	汉	1997年3月26日	群众	内蒙古呼和浩
201721060604	刘琦	男	汉	1991年11月8日	团员	内蒙古临河
201721060605	张三	男	满	1991年12月20日	党员	黑龙江
201721060651	刘洋	男	回	1993年10月16日	群众	内蒙古通辽
201721060652	黄磊	男	汉	1989年6月12日	党员	内蒙古赤峰
201721060653	包晓军	男	蒙	1996年1月20日	团员	内蒙古通辽
201721060654	王杰	女	汉	1992年6月20日	团员	内蒙古包头
201721060655	张雪	女	汉	1993年2月10日	团员	内蒙古包头
201721060656	张波	男	汉	1988年4月18日	团员	内蒙古呼和浩
201722020920	郭晓坤	男	汉	1990年10月20日	党员	内蒙古呼和浩
201722020921	王海	男	汉	1985年5月4日	团员	青海
201722020922	刘红	女	满	1990年10月12日	党员	河北
201722020923	智芳芳	女	汉	1992年1月16日	团员	内蒙古通辽
201722020924	刘燕	女	蒙	1990年8月10日	党员	内蒙古集宁
201722020925	张丽	女	汉	1996年8月12日	团员	内蒙古呼和浩

图2－44　查询向导应用效果

小　结

数据表的设计视图中，可以完成字段的添加、删除、修改以及设置字段属性等各种操作。

通过输入掩码和设置有效性规则可以方便地检测用户输入的数据是否有误，查阅列表可以帮助用户快速输入数据，也能避免输入错误。字段的其他属性的功能和设置操作在知识链接中详细介绍。

知识链接

字段是表的基本单位，为了使表更加严谨易用，必须详细设置字段的各种属性，包括字段大小、格式、输入掩码和有效性规则等。

1. 字段属性的设置

在为表添加字段时，除了定义字段的名称、类型外，还要设置字段的属性，从而更准确地确定数据在表中的存储格式。不同数据类型的字段所拥有的属性不尽相同。

1）字段大小

对于文本字段，"字段大小"是指在字段中允许输入的最大字符数（最多为255）。

数字字段的"字段大小"属性可以选择的选项及其意义见表2-2。

表2-2　"数字"型数据字段大小的相关指标

设置	说　明	小数位数	存储量大小/B
字节	保存0~255（无小数位）范围的数字	无	1
小数	存储从$-10^{38}-1$到$10^{38}-1$范围的数字（.adp）； 存储从$-10^{28}-1$到$10^{28}-1$范围的数字（.mdb）	28	12
整型	保存-32 768~32 767（无小数位）范围的数字	无	2
长整型	（默认值）保存-2 147 483 648~2 147 483 647范围的数字（无小数位）	无	4
单精度型	保存-3.402 823E38~-1.401 298E-45范围的负值， 1.401 298E-45~3.402 823E38范围的正值	7	4
双精度型	保存范围： -1.79 769 313 486 231E308~-4.940 656 458 412 47E-324 1.797 693 134 862 31E308~4.940 656 458 412 47E-324	15	8
同步复制ID	全球唯一标示符（GUID）	N/A	16

2）格式

"格式"属性可以使字段的值按统一的格式显示。"格式"属性只影响值如何显示，而不影响在表中值如何保存。而且显示格式只有在输入的数据被保存后才应用。

3）输入掩码

输入掩码用于设置字段、文本框以及组合框（在窗体中）中的数据的输入格式，输入掩码可以确保数据符合自定义的格式，并且可以指定允许输入的数值类型。输入掩码主要用于文本型和日期/时间型字段，但也可以用于数字型或货币型字段。

如果要人工输入掩码，可使用表2－3列出的有效的输入掩码字符。

表2－3　有效的输入掩码字符

字符	说　明
0	数字（0～9），必选项，不允许使用加号（＋）和减号（－）
9	数字或空格（非必选项；不允许使用加号和减号）
#	数字或空格（非必选项；空白将转换为空格，允许使用加号和减号）
L	字符（A～Z，必选项）
?	字符（A～Z，可选项）
A	字母或数字（必选项）
a	字母或数字（可选项）
&	任一字符或空格（必选项）
C	任一字符或空格（可选项）
. , ; ; － /	十进制占位符和千位、日期、时间分隔符（实际使用的字符取决于 Windows "控制面板" 的 "区域设置" 中指定的区域设置）
<	使其后所有的字符转换为小写
>	使其后所有的字符转换为大写
!	输入掩码从右到左显示，输入掩码的字符一般都是从左向右的。可以在输入掩码的任意位置包含叹号
\	使其后的字符显示为原义字符。可用于将该表中的任何字符显示为原义字符（例如，\ A 显示为 A）
密码	将 "输入掩码" 属性设置为 "密码"，以创建密码输入项文本框。文本框中输入的任何字符都按原字符保存，但显示为星号（＊）

4）有效性规则

设置限定该字段所能接受的值。当输入的数据违反有效性规则设置时，将显示有效性文本中的提示信息。"有效性规则" 设置的方法非常多，这里列举一些比较常用的设置，供用户在需要时选择使用，具体见表2－4。

5）有效性文本

当数据不符合有效性规则时所显示的信息。

表2-4　有效性规则的设置示例

字符类型	设置要求	设置方法
文本型	6位数字	000000
	18位	Like"[0-9][0-9][0-9][0-9][0-9][0-9][0-9] [0-9][0-9][0-9][0-9][0-9][0-9][0-9] [0-9][0-9][A-Z,0-9]"
	男或女	"男" or "女"
数字型	介于0到100之间	>=0 and <=100
	不大于22天	<=22
日期型	年龄大于18	YEAR（DATE（））-YEAR（[出生日期]）>18
	55年至96年	Between #1955-1-1# and #1996-12-31#

6）标题

"标题"属性可以为表中的字段（列）指定不同的显示名称，标题中可以输入超过64个字符的字段名称，一般用于输入长字段名。

7）默认值

使用"默认值"属性可以指定添加新记录时自动输入的值。例如，在学生基本信息表中输入某班的学生记录时，若该班学生均为男生，则将性别字段的"默认值"属性设置为"男"，添加记录时该字段的值会自动显示。

8）必填字段和允许空字符串

采用字段的"必填字段"和"允许空字符串"属性的不同设置组合，可以控制空白字段的处理。"允许空字符串"属性只能用于"文本""备注"或"超级链接"字段，设置是否允许其值为空字符串。空字符串是没有字符的字符串，或者说是长度为零的字符串。需要注意的是，空字符串与Null值不一样，空字符串表示没有任何文字内容，而Null值表明信息可能存在，但当前未知。

9）索引

确定该字段作为索引，索引可以加快数据的存取速度。

10）Unicode压缩

注明是否对该字段的文字进行Unicode压缩。使用Unicode压缩可以减少存储空间，但是也会影响存取的速度。

11）输入法模式

设置此字段得到焦点时默认打开的输入法。

12）输入法语句模式

设置当焦点移到该字段时，希望设置为哪种输入法语句模式。

13）智能标记

为用户标识和标记常见错误，并给用户提供更正这些错误的选项。Access中的智能标记很少使用。

14）文本对齐

设置字段中文本的对齐方式。

15) 小数位数

设置小数点的位置。

上机实践

1. 完善以下表的表结构和数据

（1）在课程表中添加"学分"字段，并将"是否选修"字段修改为"是/否"类型，并输入字段的值，如图2-45所示。

课程号	课程名称	课时	是否必修	考核方式	学分
001	高等数学	72	☑	考试	3
002	大学语文	72	☑	考试	2
003	政治	40	☑	考查	2
004	大学英语	72	☑	考试	3
005	C语言	64	☑	考查	3
006	数据库应用	60	☑	考查	2
007	计算机基础	64	☑	考查	2
008	铁道概论	68	☑	考试	2
009	行车安全	104	☑	考试	4
010	信号基础	80	☑	考试	3
011	音乐欣赏	32	☐	考查	1
012	心理健康	32	☐	考查	1
013	体育	36	☑	考查	2
014	图形处理	32	☐	考查	1
015	网球	32	☐	考查	1

图2-45　课程表

（2）在班级表中添加"班主任联系方式"字段，如图2-46所示。

班级编号	班级名称	班级人数	班主任	班主任联系方式	系部
gdjs1714	供用电技术1714	45	刘燕	15612345678	06
jdwx1719	机电设备维修1719	45	黄新	18645678912	06
jtyy1726	交通运营管理1726	50	张兰	15512036503	01
jtyy1727	交通运营管理1727	45	王乐乐	13622034509	01
jzgc1713	建筑工程技术1713	40	李冰	1566855265	04
jzzs1707	建筑装饰技术1707	35	杨丽	1566866226	04
tdcl1722	铁道车辆1722	39	王磊	13847292320	05
tdgc1719	铁道工程技术1719	40	周涛	15656565528	03
tdgc1720	铁道工程技术1720	40	高峰	1392662626	03
tdjc1723	铁道机车1723	40	杨静	18647458090	05
tdtx1707	铁道通信1707	40	张强	15485141615	02
tdxh1722	铁道信号1722	45	赵华	15925555652	02

图2-46　班级表

（3）将教师基本信息表中的"上班时间"字段修改为"入职时间"，添加"政治面貌"和"学历"字段，如图2-47所示。

2. 打开教师基本信息表，完成下面的操作

（1）将"入职时间"字段的数据以中日期显示。

（2）"联系电话"字段中只允许输入手机号码。

操作提示：通过设置"联系电话"字段的输入掩码属性来实现。

教师基本信息表

教工号	姓名	性别	民族	政治面貌	学历	职称	入职时间	系部	联系电话
1980012	赵华	男	汉	党员	专科	讲师	1980/2/10	02	15925555652
1980016	张兰	女	汉	群众	本科	讲师	1980/2/8	01	15512036503
1981015	周涛	男	满	团员	硕士	副教授	1981/10/12	03	15656565528
1982011	张强	男	回	党员	硕士	副教授	1982/9/16	02	15485141615
1983027	黄新	男	汉	群众	硕士	教授	1983/9/1	06	18645678912
1989006	刘燕	女	汉	团员	博士	教授	1989/11/10	06	15612345678
1989010	杨丽	女	汉	团员	本科	教授	1989/3/10	04	15668662260
1989017	王乐乐	女	汉	群众	硕士	讲师	1989/8/1	01	13622034509
1990001	范华	男	蒙	党员	本科	副教授	1990/12/24	02	13260425956
2000003	高文泽	男	汉	团员	博士	副教授	2000/7/10	03	18645678915
2000019	冯月月	女	蒙	群众	本科	助教	2000/3/8	06	15612345688
2001018	贾晓燕	女	汉	党员	本科	讲师	2001/7/1	02	18647208912
2001020	郭美丽	女	汉	党员	硕士	讲师	2001/8/1	03	13622034527
2001025	郝天	男	满	党员	硕士	助教	2001/11/1	06	18547208912
2002005	李芳	女	蒙	团员	专科	讲师	2002/11/2	05	15612346678
2002014	周洁	女	汉	党员	本科	副教授	2002/5/10	01	13220102692
2002021	刘宇	男	汉	群众	本科	讲师	2002/10/1	03	18545678960
2003022	王鑫	女	满	群众	本科	讲师	2003/6/1	04	15612345675

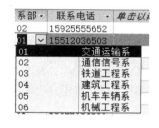

图 2－47　教师基本信息表

（3）为“职称”字段设置查阅列表，列表内容包含教员、助教、讲师、副教授、教授五项。

（4）为“系部”字段设置查阅列表，列表信息来自系别表。

操作提示：“系部”字段的查阅列表数据获取方式选择“使用查阅字段获取其他表或查询中的值”，应用效果如图 2－48所示。

图 2－48　查阅向导应用效果

3. 打开课程表，完成下面的操作

（1）设置“课程号”字段的值为三位数字，位数不对或不是数字时将不能输入。

（2）设置“考核方式”字段只能输入“考试”或“考查”。

（3）在“课时”输入负数时将提示错误。

任务3　创建“教学管理”数据库的表关系

任务描述

1. 打开“教学管理”数据库，在学生基本信息表、课程表、成绩表、班级表和学生家长信息表之间创建表关系。

2. 查看和编辑“教学管理”数据库中的表关系。

任务分析

数据库的设计要尽量消除数据冗余，要消除数据冗余，可使用多个给予某个主题的表来存储数据，然后通过各表中的公共字段来在各表之间建立关系，从而使整个数据库中的数据可以重新组织在一起。

学生基本信息表与班级表、成绩表和家长信息表均有关联，课程表和成绩表有关联。相关联的表用共同的字段建立表关系。

任务实施

任务 3 – 1　创建表关系

打开"教学管理"数据库，在学生基本信息表、课程表、成绩表、班级表和学生家长信息表之间创建表关系。

步骤 1. 打开"教学管理"数据库，单击切换到"数据库工具"选项卡，单击"关系"组中的"关系"按钮，如图 2 – 49 所示。

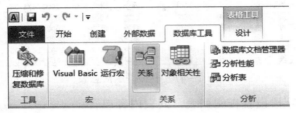

图 2 – 49　关系组

步骤 2. 弹出"关系"窗口，并显示"关系工具" | "设计"选项卡，单击"显示表"按钮，在弹出的"显示表"对话框中，按住 Ctrl 键的同时依次单击要建立关系的表，可同时选中多个表，如图 2 – 50 所示。

图 2 – 50　选择要建立关系的表

步骤 3. 单击"添加"按钮，将选中的表添加到"关系"窗口中，然后单击"关闭"按钮，关闭"显示表"对话框，"关系"窗口如图 2 – 51 所示。

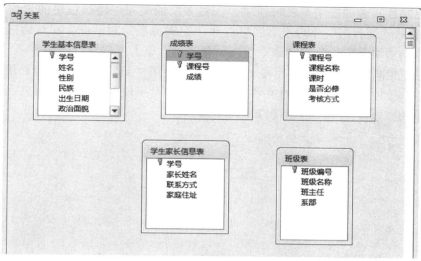

图2-51 "关系"窗口

步骤4. 在学生基本信息表和成绩表之间建立表关系。在"关系"窗口中，单击学生基本信息表中的"学号"字段，然后拖曳到"成绩表"的"学号"字段上方，打开"编辑关系"对话框，如图2-52所示。在"编辑关系"对话框中，勾选"实施参照完整性""级联更新相关字段""级联删除相关记录"三个复选项，单击"确定"按钮，即在学生基本信息表和成绩表之间建立了"一对多"的表关系，如图2-53所示。选中"实施参照完整性"复选框表示成绩表中的"关联字段"（学号字段）的值必须在学生基本信息表中存在，否则会出现错误；选中"级联更新相关字段"和"级联删除相关记录"复选框表示更新或删除学生基本信息表中的学号时，成绩表中的字段值也会跟着一起更新或删除。

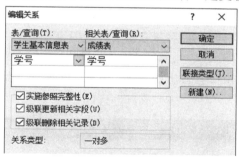

图2-52 "编辑关系"对话框

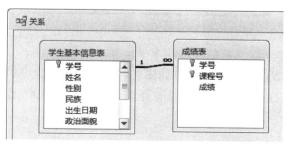

图2-53 表关系

步骤5. 在课程表和成绩表之间创建"一对多"的关系。将课程表的"课程号"字段拖拽到成绩表的"课程号"字段上方即可打开"编辑关系"对话框，在对话框中选择"实施参照完整性""级联删除"和"级联更新"复选框，单击"确定"按钮。

步骤6. 以相同的方法创建其他表之间的关系。使用"班级编号"字段在班级表和学生基本信息表之间创建"一对多"的关系，使用"学号"字段在学生基本信息表和学生家长信息表之间创建"一对一"的关系，如图2-54所示。

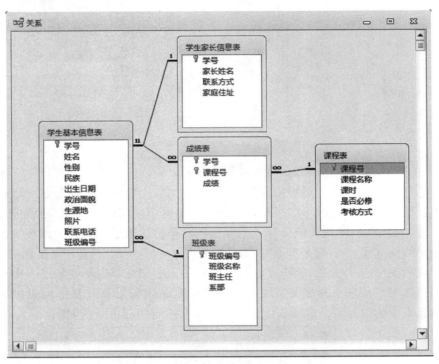

图2-54　关系窗口

步骤7. 关闭"关系"窗口，弹出如图2-55所示的提示对话框，单击"是"按钮，保存表关系。

图2-55　保存提示对话框

步骤8. 表关系创建之后，再来观察一下学生基本信息表。

打开学生基本信息表的数据表视图，如图2-56所示，在此窗口中可以看到每条记录前都显示了"+"号按钮，单击该按钮可以展开显示该记录和关联记录，即成绩表中该学生的各科成绩，如图2-57所示。

学生基本信息表

学号	姓名	性别	民族	出生日期	政治面貌	生源地	班级编号	照片	联系电话
201721060601	李勇	男	汉	1992年9月26日	团员	内蒙古通辽	jtyy1726	Package	18647502765
201721060603	王琨	女	汉	1997年3月26日	群众	内蒙古呼和浩	jtyy1726	Package	15519056359
201721060604	刘琦	男	汉	1991年11月8日	团员	内蒙古临河	jtyy1726		15661659969
201721060605	张三	男	满	1991年12月20日	团员	黑龙江	jtyy1726		13921656399
201721060606	张军	男	汉	1994年5月4日	团员	辽宁沈阳	jtyy1726		13821656369
201721060651	刘洋	男	回	1993年10月16日	团员	内蒙古通辽	jtyy1727	Package	18529606380
201721060652	黄磊	男	汉	1989年6月12日	党员	内蒙古赤峰	jtyy1727		18947241435
201721060653	包晓军	男	蒙	1996年1月20日	团员	内蒙古通辽	jtyy1727	Package	18525106768
201721060654	王杰	女	汉	1992年6月20日	团员	内蒙古包头	jtyy1727	Package	18529606360
201721060655	张雪	女	汉	1993年2月10日	团员	内蒙古包头	jtyy1727	Package	13847241435
201721060656	张波	男	汉	1988年4月18日	团员	内蒙古呼和浩	jtyy1727		13429609060
201722020920	郭晓坤	男	汉	1990年10月20日	预备党员	内蒙古呼和浩	tdxh1722		13023006365
201722020921	王海	男	汉	1985年5月4日	群众	青海	tdxh1722		18933671468
201722020922	刘红	女	满	1990年10月12日	党员	河北	tdxh1722	Package	15647686360
201722020923	智芳芳	女	汉	1992年1月16日	团员	内蒙古通辽	tdxh1722		13329602865
201722020924	刘燕	女	蒙	1990年8月10日	党员	内蒙古集宁	tdxh1722	Package	13247224679
201722020925	张丽	女	汉	1996年8月12日	团员	内蒙古呼和浩	tdxh1722	Package	13019065360

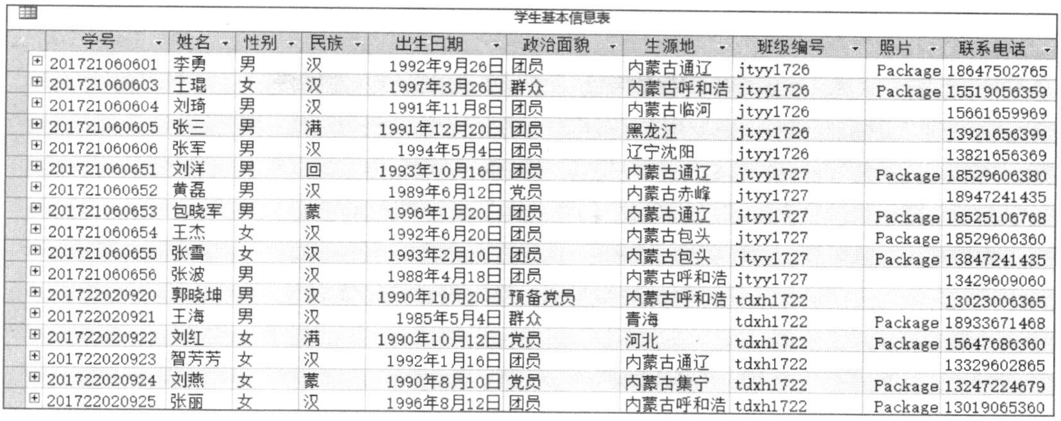

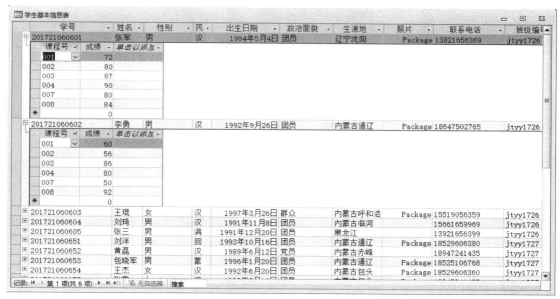

图2-56 学生基本信息表的数据表视图

学生基本信息表

学号	姓名	性别	民族	出生日期	政治面貌	生源地	照片	联系电话	班级编号
201721060601	张军	男	汉	1994年5月4日	团员	辽宁沈阳	Package	13821656369	jtyy1726

课程号	成绩	单击以添加
001	72	
002	80	
003	87	
004	90	
007	80	
008	84	
*	0	

学号	姓名	性别	民族	出生日期	政治面貌	生源地	照片	联系电话	班级编号
201721060602	李勇	男	汉	1992年9月26日	团员	内蒙古通辽	Package	18647502765	jtyy1726

课程号	成绩	单击以添加
001	60	
002	56	
003	86	
004	80	
007	50	
008	92	
*	0	

学号	姓名	性别	民族	出生日期	政治面貌	生源地	照片	联系电话	班级编号
201721060603	王琨	女	汉	1997年3月26日	群众	内蒙古呼和浩	Package	15519056359	jtyy1726
201721060604	刘琦	男	汉	1991年11月8日	团员	内蒙古临河		15661659969	jtyy1726
201721060605	张三	男	满	1991年12月20日	团员	黑龙江		13921656399	jtyy1726
201721060651	刘洋	男	回	1993年10月16日	团员	内蒙古通辽	Package	18529606380	jtyy1727
201721060652	黄磊	男	汉	1989年6月12日	党员	内蒙古赤峰		18947241435	jtyy1727
201721060653	包晓军	男	蒙	1996年1月20日	团员	内蒙古通辽	Package	18525106768	jtyy1727
201721060654	王杰	女	汉	1992年6月20日	团员	内蒙古包头	Package	18529606360	jtyy1727

记录：第1项(共6项) 无筛选器 搜索

图2-57 建立关系后的效果

任务3-2 查看和编辑教学管理数据库中的表关系

步骤1. 级联删除。打开学生基本信息表，在学号为“201721060601”、姓名为“张军”的记录上单击鼠标右键，在弹出的快捷菜单中选择“删除记录”命令，如图2-58所示。弹出级联删除提示对话框，如图2-59所示，单击“是”按钮，则学生基本信息表和成绩表中相关的记录全部被删除。

步骤2. 级联更新。学生基本信息表和成绩表的数据情况如图2-60和图2-61所示。

将学生基本信息表中李勇的学号改成“201888888888”，如图2-62所示，则在成绩表中该学生的学号也会随之改变，如图2-63所示。除了成绩表，与学生基本信息表关联的家长信息表中对应的学号也会随之改变。

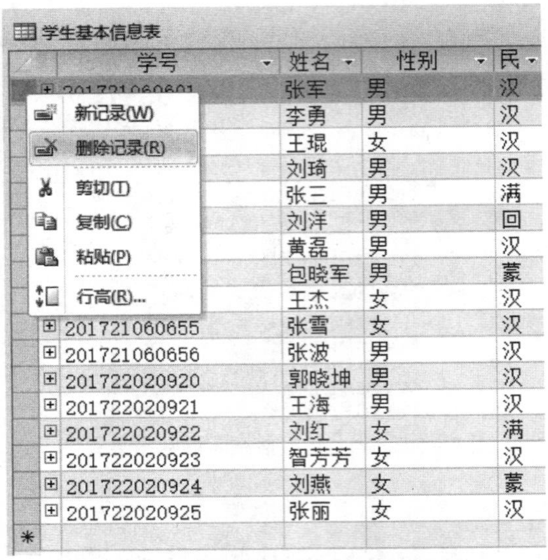

图 2 - 58　从学生基本信息表删除记录

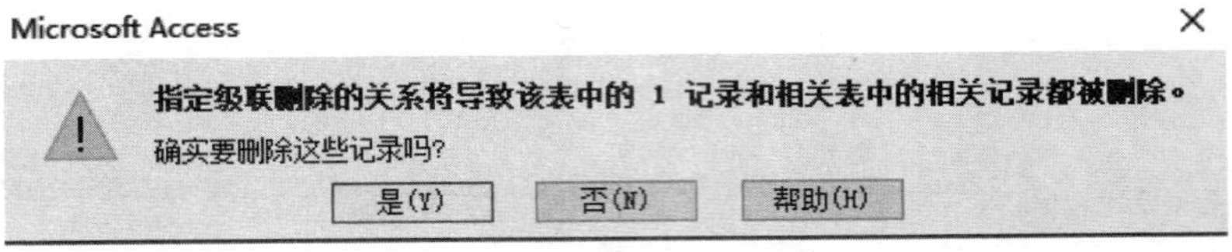

图 2 - 59　级联删除提示对话框

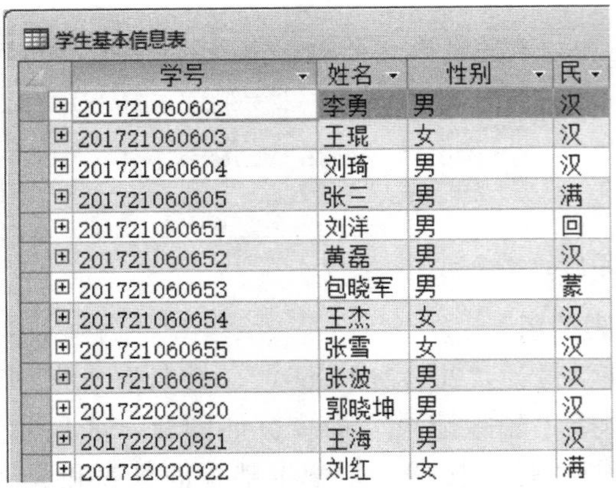

图 2 - 60　学生基本信息表修改前　　　　　　图 2 - 61　成绩表修改前

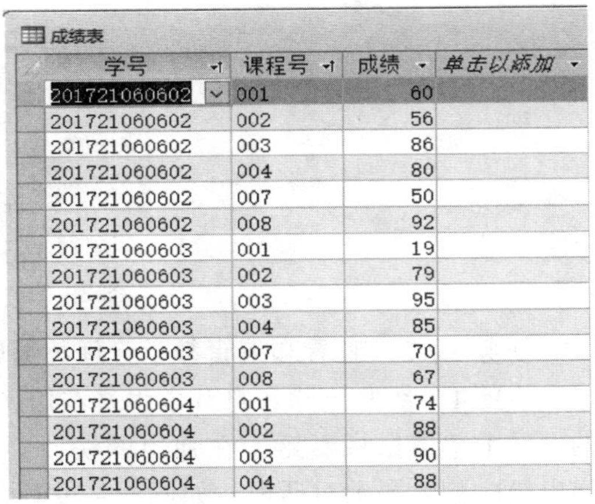

　　步骤 3. 表关系随时都可以进行编辑和删除。在关系连线上单击鼠标右键，在弹出的快捷菜单中选择"编辑关系"，在弹出的对话框中，可以进行设置表关系参数的完整性、设置连接类型、新建表关系等操作，选择"删除"，可以将两个表的关系删除掉，如图 2 - 64所示。

学号	姓名	性别	民
201888888888	李勇	男	汉
201721060603	王琨	女	汉
201721060604	刘琦	男	汉
201721060605	张三	男	满
201721060651	刘洋	男	回
201721060652	黄磊	男	汉
201721060653	包晓军	男	蒙
201721060654	王杰	女	汉
201721060655	张雪	女	汉
201721060656	张波	男	汉
201722020920	郭晓坤	男	汉
201722020921	王海	男	汉
201722020922	刘红	女	满
201722020923	智芳芳	女	汉
201722020924	刘燕	女	蒙
201722020925	张丽	女	汉

图2-62　修改学生的学号

学号	课程号	成绩	单击以添加
201722020924	001	92	
201722020924	002	90	
201722020924	003	93	
201722020924	004	92	
201722020924	007	95	
201722020924	008	89	
201722020925	001	54	
201722020925	002	76	
201722020925	003	50	
201722020925	004	56	
201722020925	007	86	
201722020925	008	79	
201888888888	001	60	
201888888888	002	56	
201888888888	003	86	
201888888888	004	80	
201888888888	007	50	
201888888888	008	92	
		0	

图2-63　成绩表中数据随之修改

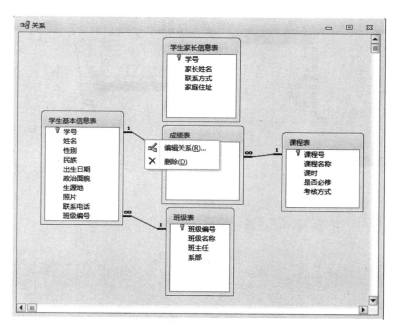

图2-64　编辑关系

　　注：按【Delete】键也可以完成关系的删除，先将打开或使用着的表关闭，才能删除它们之间的关系。

　　步骤4. 清除布局。如果要清除数据库中所有的表关系，单击"关系工具丨设计"选项卡"工具"组中的"清除布局"按钮，如图2-65所示，将弹出如图2-66所示的清除确认对话框，单击"是"按钮，将删除所有关系。

图 2 – 65　　"清除布局"对话框

图 2 – 66　　清除确认对话框

步骤 5. 生成关系报告。在如图 2 – 65 中，单击"关系报告"按钮，Access 将自动生成各种表关系的报表，并进行打印预览，在这里可以进行关系打印、页面布局等操作，如图 2 – 67 所示。

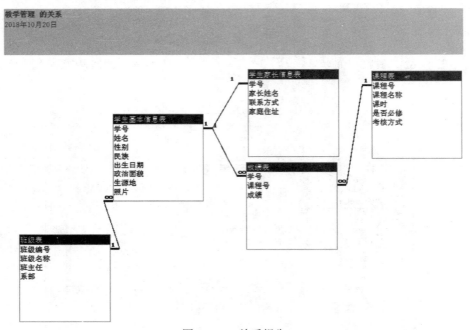

图 2 – 67　关系报告

小　结

数据库是相关数据的集合，因而数据库中的各个表通常不是孤立存在的，而是有着某种内在联系。在 Access 中，通过建立表之间的关系可以减少数据冗余，并且可以从多个相关的表中提取所需的数据创建查询、窗体、报表等对象。此外，在建立表间关系的基础上，还可以进一步设置表之间的参照完整性，从而更好地确保相关数据的完整性。

显然，两个表之间只有存在相关联的字段才能在两者之间建立关系。表与表之间的关系可分为"一对一""一对多"和"多对多"3 种类型，而所创建的关系类型取决于两个表中相关联的字段是如何定义的，以下是有关的说明。创建好表之间的关系后，可以随时进行查看，需要时还可以对其进行修改或删除。

（1）表的关系就是表之间的内在联系，一般这个联系就是字段相同。如果相关联的字段在两个表中都是主键或唯一索引，将创建"一对一"关系。

（2）"一对多"的关系是数据库中最常见的关系，意思是一条记录可以和其他表的多个记录建立关系。如果相关联的字段只有一个表中是主键或唯一索引，将创建"一对多"关系。

（3）"多对多"的关系可以理解为：一个客户可以有多个订单，而同时一个客户还可以有多个事件发生，所以在"订单"和"事件"这两个表之间建立关系就是"多对多"的关系了。"多对多"关系实际上是两个表与第三个表的两个一对多关系，第三个表的主键包含两个字段，分别是这两个表的外键。

上机实践

完善教学管理数据库的表关系。在任务3的基础上，添加教师基本信息表、教师授课表和系部表，并建立其表关系，实施参照完整性、级联更新和级联删除。

任务4　数据表的管理

任务描述

对学生基本信息表进行如下排序和筛选操作：

1. 按照"出生日期"降序进行排序。
2. 按照"性别"和"出生日期"联合字段进行升序排序。
3. 按照"性别"升序、"出生日期"降序进行高级排序。
4. 使用简单筛选筛选出所有的满族学生。
5. 使用筛选器筛选出所有的汉族学生的记录。
6. 通过窗体筛选筛选出所有团员的记录。
7. 使用高级筛选筛选出男生或者1995年以后出生的学生的记录。

任务分析

在实际工作中，经常需要对数据表中的众多记录按照一定的要求排列，从而更方便地查阅数据。当表中记录较多时，查阅表中数据会很不方便，此时可通过筛选的方式将表中仅显示符合条件的记录，将不需要的记录隐藏，从而节省查询时间。

任务实施

任务4-1　排序记录

步骤1. 按照"出生日期"降序进行排序。打开学生基本信息表的数据表视图，用鼠标单击鼠标右键排序字段"出生日期"的列标题，选择"降序"命令，或者先选择要排序的列，然后单击"开始"选项卡"排序和筛选"组的"降序"按钮，即可使该表中的记录按照该列的数据进行降序排列，如图2-68所示。

步骤2. 按照"性别"和"出生日期"联合字段进行升序排序。打开学生基本信息表的数据表视图，先将"性别"和"出生日期"两个字段移到相邻的位置（选择"出生日期"字段，鼠标再次靠近"出生日期"字段，待鼠标指针变为空心箭头时拖动该字段到"性别"右侧即可），同时选择"性别"和"出生日期"两个相邻字段，单击"开始"选项卡"排序和筛选"组的"升序"按钮，即可使表中的记录先按左边"性别"字段值升序排列，对于"性别"字段值相同的记录再按右边"出生日期"字段值升序排列，排序结果如图 2 - 69 所示。

图 2 - 68　数据的简单排序操作

图 2 - 69　多字段简单排序示例

步骤 3. 按照"性别"升序、"出生日期"降序进行高级排序。打开学生基本信息表数据表视图，选择"开始"选项卡"排序和筛选"组的"高级"选项，弹出下拉列表，如图 2 - 70 所示，从中选择"高级筛选/排序"命令，弹出"筛选"窗口。在"筛选"窗口中，设置排序字段和排序方式，如图 2-71 所示。

图 2-70　高级排序的选择

图 2-71　在"筛选"窗口设置排序方式

选择"开始"选项卡"排序和筛选"组的"高级"选项，在下拉列表中选择"应用筛选/排序"命令，排序结果如图 2-72 所示。

如果要取消上面的排序操作结果，可选择"开始"选项卡"排序和筛选"组的"清除所有排序"按钮 ，Access 将按照该表原来的顺序显示记录。

学号	姓名	性别	出生日期	民族	政治面貌	生源地	照片	联系电话	班级编号
201721060603	王琨	女	1997年3月26日		群众	内蒙古呼和浩	Package	15519056359	jtyy1726
201721060605	张丽	女	1996年8月12日	汉	团员	内蒙古呼和浩	Package	13019065360	tdxh1722
201721060655	张雪	女	1993年2月10日	汉	团员	内蒙古包头	Package	13847241435	jtyy1727
201721060654	王杰	女	1992年6月20日	汉	团员	内蒙古包头	Package	18529606360	jtyy1727
201722020923	智芳芳	女	1992年1月16日	汉	团员	内蒙古通辽		13329602865	tdxh1722
201722020922	刘红	女	1990年10月12日	满	党员	河北	Package	15647686360	tdxh1722
201722020924	刘燕	女	1990年8月10日	蒙	党员	内蒙古集宁	Package	13247224679	tdxh1722
201721060653	包晓军	男	1996年1月20日	蒙	团员	内蒙古通辽	Package	18525106768	jtyy1727
201721060651	刘洋	男	1993年10月16日	回	团员	内蒙古通辽	Package	18529606380	jtyy1727
201888888888	李勇	男	1992年9月24日	汉	团员	内蒙古通辽	Package	18647502765	jtyy1726
201721060605	张三	男	1991年12月20日	满	团员	黑龙江		13921656399	jtyy1726
201721060604	刘琦	男	1991年11月8日	汉	团员	内蒙古临河		15661659969	jtyy1726
201722020920	郭晓坤	男	1990年10月20日	汉	党员	内蒙古呼和浩		13023006365	tdxh1722
201721060652	黄磊	男	1989年6月12日	汉	党员	内蒙古赤峰		18947241435	jtyy1727
201721060656	张波	男	1988年4月18日	汉	团员	内蒙古呼和浩		13429609060	jtyy1727
201722020921	王海	男	1985年5月4日	汉	团员	青海	Package	18933671468	tdxh1722

图 2-72　高级排序后的学生基本信息表

任务4-2　筛选记录

步骤1. 使用简单筛选筛选出所有的"满族"学生。打开学生基本信息表，进入该表的数据表视图，在"民族"列的任意位置单击鼠标右键鼠标，在弹出的快捷菜单中选择"文本筛选器"，然后选择"等于"命令，如图2-73所示。

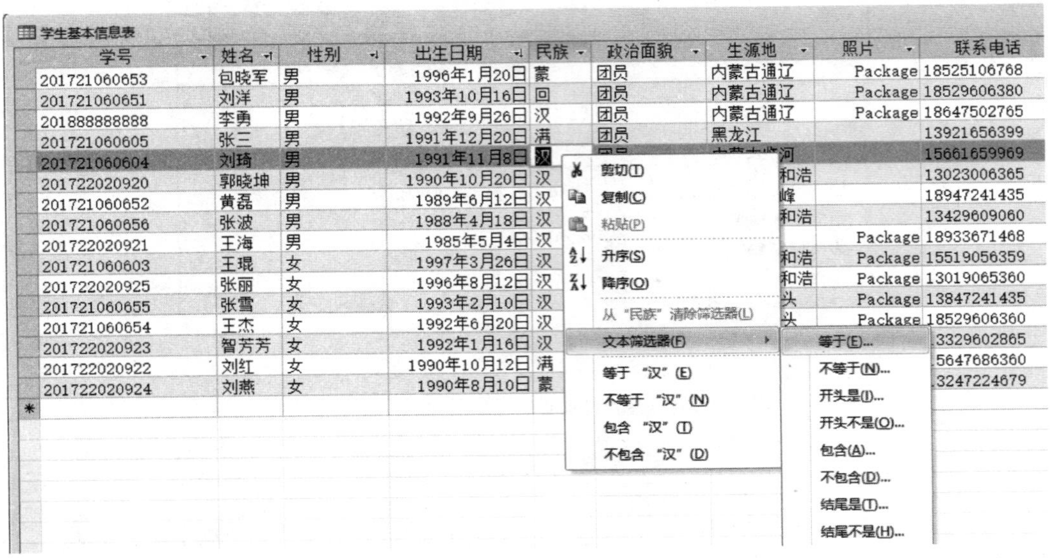

图2-73　筛选数据

弹出"自定义筛选"对话框，在文本框中输入"满"，如图2-74所示，然后单击"确定"按钮，筛选结果如图2-75所示。单击"排序筛选"组的 切换筛选 按钮，取消筛选结果，显示全部记录。

图2-74　"自定义筛选"对话框的设置

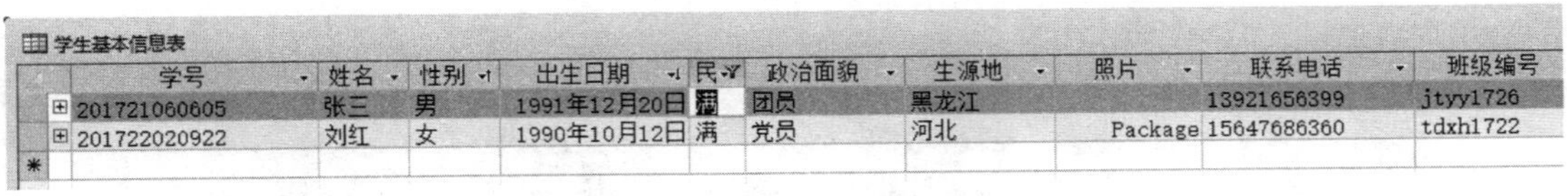

图2-75　筛选后的数据表

步骤2. 使用筛选器筛选出所有汉族学生的记录。打开学生基本信息表的数据表视图，单击"民族"字段列的小箭头，弹出筛选器。在筛选器的列表框中，选中"汉"复选框，如图2-76所示。

单击"确定"按钮完成筛选，筛选结果如图2-77所示。

步骤3. 通过窗体筛选筛选出所有团员的记录。打开学生基本信息表的数据表视图，单击"开始"选项卡"排序和筛选"组的"高级"选项按钮，在弹出的菜单中选择"按窗体筛选"命令，如图2-78所示。

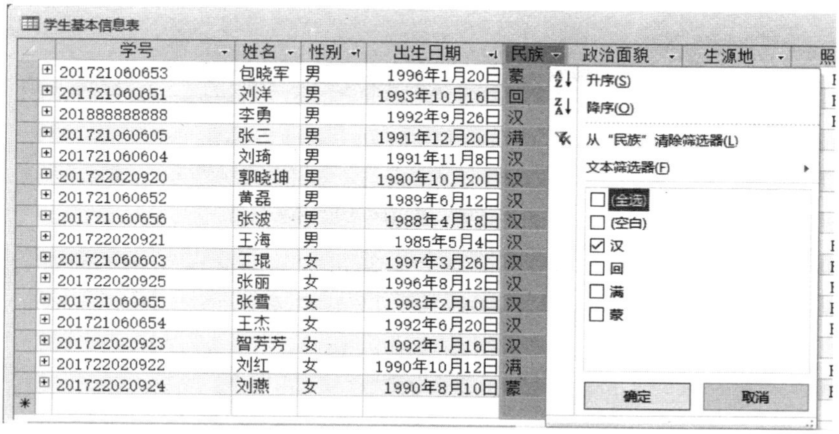

图2-76　筛选器的应用

图2-77　应用筛选器的筛选结果

图2-78　选择"按窗体筛选"命令

打开"按窗体筛选"界面，在"政治面貌"字段列的下拉列表中选择"团员"选项，如图2-79所示。

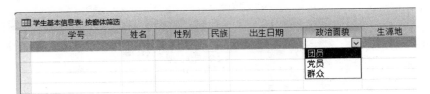

图2-79 选择政治面貌

在"政治面貌"字段列中单击鼠标右键,在弹出菜单中选择"应用筛选/排序"命令,如图2-80所示,筛选结果如图2-81所示。

图2-80 选择"应用筛选/排序"菜单

学号	姓名	性别	民族	出生日期	政治面貌	生源地	照片
201721060604	刘琦	男	汉	1991年11月8日	团员	内蒙古临河	
201721060605	张三	男	满	1991年12月20日	团员	黑龙江	
201721060651	刘洋	男	回	1993年10月16日	团员	内蒙古通辽	Package
201721060653	包晓军	男	蒙	1996年1月20日	团员	内蒙古通辽	Package
201721060654	王杰	女	汉	1992年6月20日	团员	内蒙古包头	Package
201721060655	张雪	女	汉	1993年2月10日	团员	内蒙古包头	Package
201721060656	张波	男	汉	1988年4月18日	团员	内蒙古呼和浩	
201722020921	王海	男	汉	1985年5月4日	团员	青海	Package
201722020923	智芳芳	女	汉	1992年1月16日	团员	内蒙古通辽	
201722020925	张丽	女	汉	1996年8月12日	团员	内蒙古呼和浩	Package
201888888888	李勇	男	汉	1992年9月26日	团员	内蒙古通辽	Package

图2-81 筛选结果

步骤4.使用高级筛选筛选出男生或者1995年以后出生的学生。选择"开始"选项卡"排序和筛选"组中的"高级选项",在下拉列表选择"高级筛选/排序"命令,打开"高级筛选"窗口。双击选择"性别"和"出生日期"两个字段,"性别"字段的条件框中输入"男","出生日期"字段的"或"框中输入" >= #1996/1/1#",如图2-82所示。

选择"开始"选项卡"排序和筛选"组的"高级选项",在下拉列表中选择"应用筛选/排序"菜单项,筛选结果如图2-83所示。

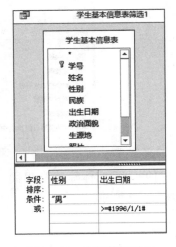

图2-82 高级筛选设置

图2-83 高级筛选结果

小 结

对于已经定义了主键的数据表，Access 通常是按照主键字段值的升序显示表中的记录。此外，也可以根据需要，对各条记录依据一个或多个字段值重新按升序或降序排列显示。

依据某个字段值的大小排序时，数字类型的数据将按其数值大小排序，字母类型的数据则通常按其对应 ASCII 码的大小排列，汉字按其拼音字母顺序排序。日期/时间类型的数据也可以按其大小排列，日期/时间在前面为小，日期/时间在后者为大。此外，备注型、超链接或 OLE 对象型的字段数据，则不能进行排序。

数据表中，如果筛选的字段值为文本，使用文本筛选器筛选；如果是日期类型的数据，则选用日期筛选器；如果筛选的条件是某个字段值的话，可以从列表框中选择指定的复选框；如果筛选条件比较多或者需要对筛选结果进行排序时则使用高级筛选。

在"窗体筛选"中，筛选条件也可以设置逻辑运算符，例如，要筛选 1993 年 1 月 1 日及以后出生的学生，可以在筛选条件框中输入"＞=#1993-1-1#"，如图 2-84 所示。

图2-84 设置逻辑运算符

上机实践

1. 对教师基本信息表的记录进行排序

（1）按照"姓名"字段升序排序，排序结果如图2-85所示。

（2）按照"系部"和"职称"字段降序排列，排序结果如图2-86所示。

（3）按照"性别"升序、"入职时间"降序进行高级排序，排序结果如图2-87所示。

教工号	姓名	性别	民族	政治面	学历	职称	入职时间	系部	联系电话
⊞ 2010023	陈燕	女	汉	群众	本科	副教授	2010/5/1	05	18645671142
⊞ 1990001	范华	男	蒙	党员	本科	副教授	1990/12/24	02	13260425956
⊞ 2000019	冯月月	女	蒙	群众	本科	助教	2000/3/8	06	15612345688
⊞ 2017026	冯月月	女	汉	群众	本科	教员	2017/9/1	02	13121232123
⊞ 2013002	高峰	男	汉	群众	本科	助教	2013/3/2	03	13926626268
⊞ 2000003	高文泽	男	汉	团员	博士	副教授	2000/7/10	03	18645678915
⊞ 2001020	郭美丽	女	汉	党员	硕士	讲师	2001/8/1	03	13622034527
⊞ 2001025	郝天	男	满	党员	硕士	助教	2001/11/1	06	18547208912
⊞ 1983027	黄新	男	汉	群众	硕士	教授	1983/9/1	06	18645678912
⊞ 2001018	贾晓燕	女	汉	党员	本科	讲师	2001/7/1	02	18647208912
⊞ 2005004	李冰	男	蒙	党员	专科	讲师	2005/10/2	04	15668552650
⊞ 2002005	李芳	女	蒙	团员	专科	讲师	2002/11/2	05	15612346678
⊞ 1989006	刘燕	女	汉	团员	博士	教授	1989/11/10	06	15612345678
⊞ 2002021	刘宇	男	汉	群众	本科	讲师	2002/10/1	03	18545678960
⊞ 1989017	王乐乐	女	汉	群众	硕士	讲师	1989/8/1	01	13622034509
⊞ 2006007	王磊	男	回	党员	硕士	讲师	2006/3/12	05	13847292320
⊞ 2012024	王文月	女	汉	群众	本科	副教授	2012/10/1	04	18547206556

记录: ◄ ◄ 第 1 项(共 28 项) ► ►► ►* 🏷无筛选器 搜索

图 2-85 排序效果

教工号	姓名	性别	民族	政治面	学历	系部	职称	入职时间	联系电话
⊞ 2001025	郝天	男	满	党员	硕士	06	助教	2001/11/1	18547208912
⊞ 1983027	黄新	男	汉	群众	硕士	06	教授	1983/9/1	18645678912
⊞ 1989006	刘燕	女	汉	团员	博士	06	教授	1989/11/10	15612345678
⊞ 2006028	杨东	男	汉	群众	本科	06	讲师	2006/7/1	18624503692
⊞ 2012013	赵凯丽	女	汉	群众	本科	05	助教	2012/8/2	13722034529
⊞ 2009009	杨静	女	汉	党员	本科	05	讲师	2009/7/4	18647458090
⊞ 2006007	王磊	男	回	党员	硕士	05	讲师	2006/3/12	13847292320
⊞ 2002005	李芳	女	蒙	团员	专科	05	讲师	2002/11/2	15612346678
⊞ 2010023	陈燕	女	汉	群众	本科	05	副教授	2010/5/1	18645671142
⊞ 1989010	杨丽	女	汉	团员	本科	04	教授	1989/3/10	15668662260
⊞ 2003022	王鑫	女	满	群众	本科	04	讲师	2003/6/1	15612345675
⊞ 2005004	李冰	男	蒙	党员	专科	04	讲师	2005/10/2	15668552650
⊞ 2012024	王文月	女	汉	群众	本科	04	副教授	2012/10/1	18547206556
⊞ 2013002	高峰	男	汉	群众	本科	03	助教	2013/3/2	13926626268
⊞ 2001020	郭美丽	女	汉	党员	硕士	03	讲师	2001/8/1	13622034527
⊞ 2002021	刘宇	男	汉	群众	本科	03	讲师	2002/10/1	18545678960
⊞ 2000003	高文泽	男	汉	团员	博士	03	副教授	2000/7/10	18645678915
⊞ 1981015	周涛	男	满	团员	硕士	03	副教授	1981/10/12	15656565528
⊞ 2017026	冯月月	女	汉	群众	本科	02	教员	2017/9/1	13121232123
⊞ 1980012	赵华	男	汉	党员	专科	02	讲师	1980/2/10	15925555652

记录: ◄ ◄ 第 22 项(共 28 项) ► ►► ►* 🏷无筛选器 搜索

图 2-86 排序效果

教工号	姓名	性别	民族	政治面貌	学历	系部	职称	入职时间	联系电话
⊞ 2017026	冯月月	女	汉	群众	本科	02	教员	2017/9/1	13121232123
⊞ 2012024	王文月	女	汉	群众	本科	04	副教授	2012/10/1	18547206556
⊞ 2012013	赵凯丽	女	汉	群众	本科	05	助教	2012/8/2	13722034529
⊞ 2010023	陈燕	女	汉	群众	本科	05	副教授	2010/5/1	18645671142
⊞ 2009009	杨静	女	汉	党员	本科	05	讲师	2009/7/4	18647458090
⊞ 2003022	王鑫	女	满	群众	本科	04	讲师	2003/6/1	15612345675
⊞ 2002005	李芳	女	蒙	团员	专科	05	讲师	2002/11/2	15612346678
⊞ 2002014	周洁	女	汉	党员	本科	01	副教授	2002/5/10	13220102692
⊞ 2001020	郭美丽	女	汉	党员	硕士	03	讲师	2001/8/1	13622034527
⊞ 2001018	贾晓燕	女	汉	党员	本科	02	讲师	2001/7/1	18647208912
⊞ 2000019	冯月月	女	蒙	群众	本科	06	助教	2000/3/10	15612345688
⊞ 1989006	刘燕	女	汉	团员	博士	06	教授	1989/11/10	15612345678
⊞ 1989017	王乐乐	女	汉	群众	硕士	01	讲师	1989/8/1	13622034509
⊞ 1989010	杨丽	女	汉	团员	本科	04	教授	1989/3/10	15668662260
⊞ 1980016	张兰	女	汉	群众	本科	01	讲师	1980/2/10	15512306503
⊞ 2013002	高峰	男	汉	群众	本科	03	助教	2013/3/2	13926626268
⊞ 2006008	王晓乐	男	汉	党员	硕士	01	副教授	2006/10/1	13561659558

记录: ◄ ◄ 第 20 项(共 28 项) ► ►► ►* 🏷无筛选器 搜索

图 2-87 高级排序结果

2. 对教师基本信息表的记录进行筛选

（1）用简单筛选方法筛选出少数民族教师的信息，筛选结果如图 2-88 所示。

教工号	姓名	性别	民族	政治面貌	学历	系部	职称	入职时间	联系电话
1990001	范华	男	蒙	党员	本科	02	副教授	1990/12/24	13260425956
2005004	李冰	男	蒙	党员	专科	04	讲师	2005/10/2	15668552650
2002005	李芳	女	蒙	团员	专科	05	讲师	2002/11/2	15612346678
2006007	王磊	男	回	党员	硕士	05	讲师	2006/3/12	13847292320
1982011	张强	男	回	党员	硕士	02	副教授	1982/9/16	15485141615
1981015	周涛	男	满	团员	硕士	03	副教授	1981/10/12	15656565528
2000019	冯月月	女	蒙	群众	本科	06	助教	2000/3/8	15612345688
2003022	王鑫	女	满	群众	本科	04	讲师	2003/6/1	15612345675
2001025	郝天	男	满	党员	硕士	06	助教	2001/11/1	18547208912

记录：第 10 项(共 10 项) 已筛选 搜索

图 2-88　筛选出少数民族教师的信息

（2）用筛选器筛选出"政治面貌"为"党员"的教师信息，筛选结果如图 2-89 所示。

教工号	姓名	性别	民族	政治面貌	学历	系部	职称	入职时间	联系电话
2006007	王磊	男	回	党员	硕士	05	讲师	2006/3/12	13847292320
2006008	王晓乐	男	汉	党员	硕士	01	副教授	2006/10/1	13561659558
2009009	杨静	女	汉	党员	本科	05	讲师	2009/7/4	18647458090
1982011	张强	男	回	党员	硕士	02	副教授	1982/9/16	15485141615
1980012	赵华	男	汉	党员	专科	02	讲师	1980/2/10	15925555652
2002014	周洁	女	汉	党员	本科	01	副教授	2002/5/10	13220102692
2001018	贾晓燕	女	汉	党员	本科	02	讲师	2001/7/1	18647208912
2001020	郭美丽	女	汉	党员	硕士	03	讲师	2001/8/1	13622034527
2001025	郝天	男	满	党员	硕士	06	助教	2001/11/1	18547208912

记录：第 12 项(共 12 项) 已筛选 搜索

图 2-89　筛选出党员教师的信息

（3）用窗体筛选的方法筛选出性别为女，2000 年以后入职的教师信息，筛选结果如图 2-90所示。

教工号	姓名	性别	民族	政治面貌	学历	系部	职称	入职时间	联系电话
2002005	李芳	女	蒙	团员	专科	05	讲师	2002/11/2	15612346678
2009009	杨静	女	汉	党员	本科	05	讲师	2009/7/4	18647458090
2012013	赵凯丽	女	汉	群众	本科	05	助教	2012/8/2	13722034529
2002014	周洁	女	汉	党员	本科	01	副教授	2002/5/10	13220102692
2001018	贾晓燕	女	汉	党员	本科	02	讲师	2001/7/1	18647208912
2001020	郭美丽	女	汉	党员	硕士	03	讲师	2001/8/1	13622034527
2003022	王鑫	女	满	群众	本科	04	讲师	2003/6/1	15612345675
2010023	陈燕	女	汉	群众	本科	05	副教授	2010/5/1	18645671142
2012024	王文月	女	汉	群众	本科	04	副教授	2012/10/1	18547206556
2017026	冯月月	女	汉	群众	本科	02	教员	2017/9/1	13121232123

记录：第 11 项(共 11 项) 已筛选 搜索

图 2-90　筛选 2000 年后入职的女教师

（4）用高级筛选的方法筛选出 2003 年以后入职的男教师，并且按照入职时间降序排序，筛选结果如图 2-91 所示。

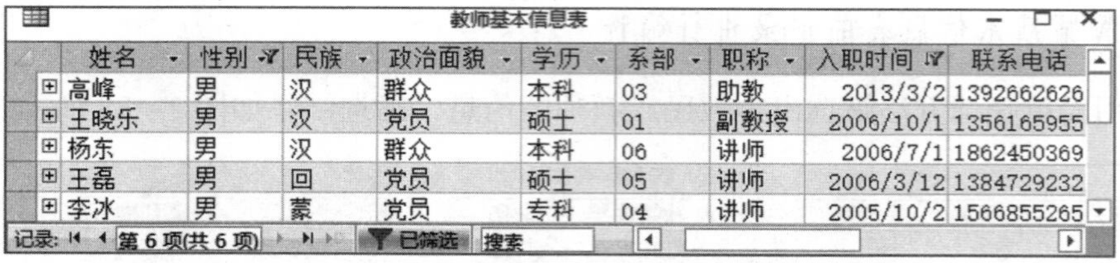

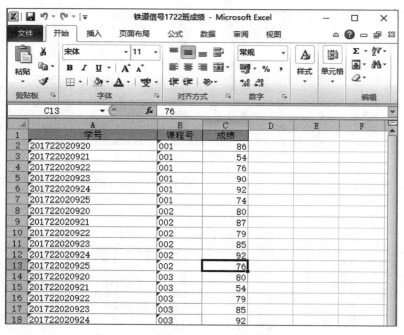

图2-91 高级筛选应用

任务5 数据表的导入和导出

任务描述

1. 将 Excel 文件"铁道信号1722班成绩.xlsx"导入到教学管理数据库中的"成绩表"中,"铁道信号1722班成绩.xlsx"如图2-92所示。

2. 导出学生基本信息表到 Excel 中。

图2-92 铁道信号1722班成绩.xlsx

任务分析

在 Access 2010 数据库中,可以方便地将 Excel 工作表中的数据导入到数据表中,其中,列标题变为数据表中的字段名,每行数据即是一条记录。

任务实施

任务 5 – 1 将"铁道信号 1722 班成绩. xlsx"的数据导入到成绩表

步骤 1. 打开教学管理数据库,单击"外部数据"选项卡"导入并链接"组中的"Excel"按钮,如图 2 – 93 所示,此时弹出"获取外部数据 – Excel 电子表格"对话框。

图 2 – 93 导入并链接组

步骤 2. 在"获取外部数据 – Excel 电子表格"对话框中,单击"浏览"按钮,在弹出的"打开"对话框中选择文件"铁道信号 1722 班成绩. xlsx",然后在"获取外部数据 – Excel 电子表格"对话框中选择"向表中追加一份记录的副本"单选按钮,选择"成绩表",如图 2 – 94 所示。

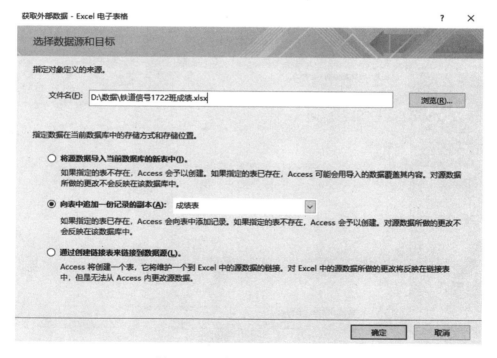

图 2 – 94 选择要导入的 Excel 文件

步骤 3. 单击"确定"按钮,进入"导入数据表向导",如图 2 – 95 所示,勾选"第一行包括列标题"复选框,然后单击"下一步"按钮。

步骤 4. 进入如图 2 – 96 所示的界面,单击"完成"按钮,弹出"保存导入步骤"对话框,如图 2 – 97 所示。

如果用户需要，可以保存导入步骤，下次再导入该表中的数据时，不必通过数据导入向导，可直接在"外部数据"选项卡下"导入"组中单击"已保存的导入"按钮，在弹出的对话框中运行保存的导入步骤即可。

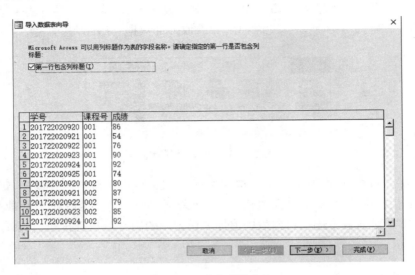

图 2-95   选定字段名称

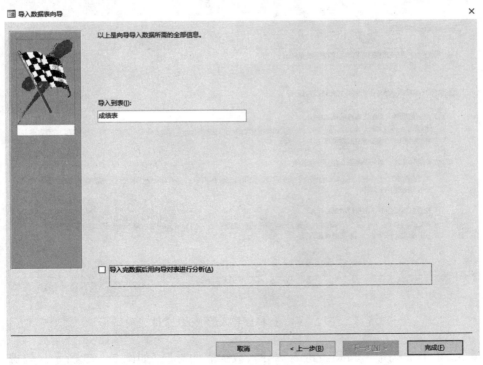

图 2-96   输入数据表的名称

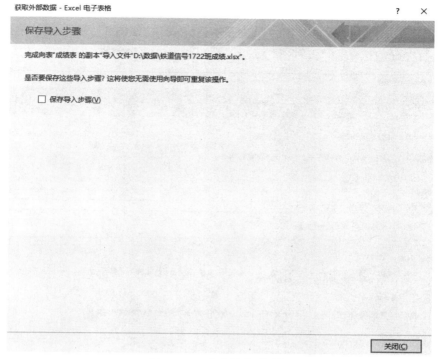

图 2 - 97 完成导入对话框

任务 5 - 2 导出学生基本信息表到 Excel 中

步骤 1. 打开教学管理数据库,在导航窗格中选择学生基本信息表,切换到"外部数据"选项卡,单击"导出"组的"Excel"按钮,弹出"导出 - Excel 电子表格"对话框。

步骤 2. 选择目标文件存储位置、保存的文件名和文件的格式,如图 2 - 98 所示。

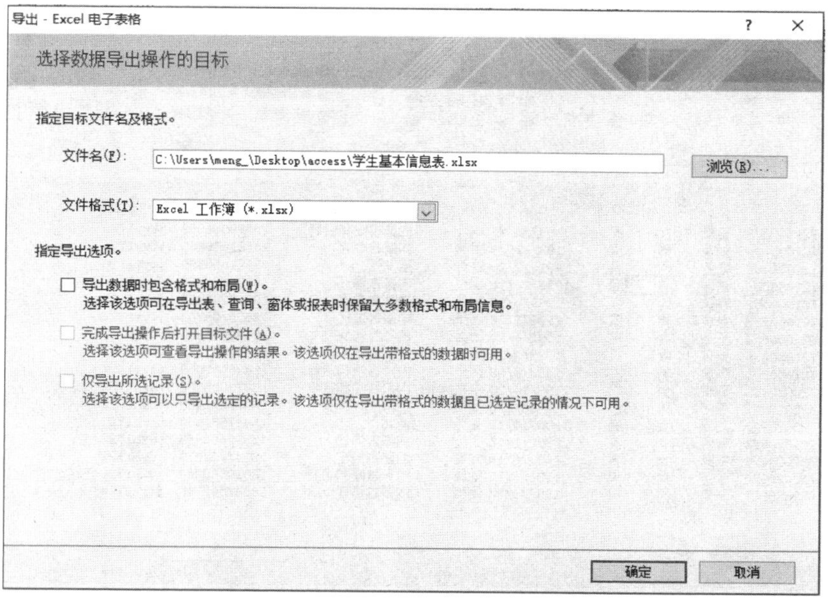

图 2 - 98 导出为"Excel 电子表格"

步骤3. 单击"确定"按钮,进入"保存导出步骤"界面。选择"保存导出步骤"复选框,"另存为"文本框中设置"导出－学生基本信息表",如图2－99所示,单击"保存导出"按钮进行保存。

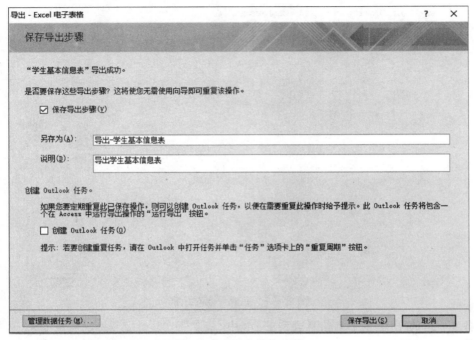

图2－99　保存导出步骤

步骤4. 进入目标文件夹,双击打开导出的Excel文件,可以看到数据的导出结果。如图2－100所示。

图2－100　数据的导出结果

小　结

可以导入的外部数据文件的类型有很多，包括 dBASE 文件、Excel 文件、HTML 文件、XML 文件、文本文件和 ODBC 数据库文件等。利用 Access 2010 数据库的导出功能，也可将 Access 数据库中的对象导出到其他数据库、Word 文档、Excel 电子表格、文本文件或 HTML 网页文件等。

上机实践

1. 从 Excel 表导入新转入学生的家长信息，追加到"教学管理"数据库的"家长信息表"中，Excel 表如图 2 – 101 所示。

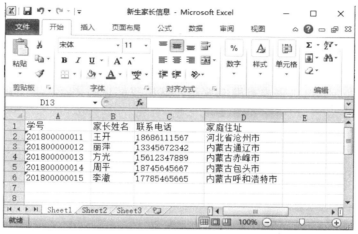

图 2 – 101　Excel 数据表

2. 将课程表导出为 Excel 表，不保存导出步骤，导出结果如图 2 – 102 所示。

图 2 – 102　Excel 数据表导出结果

知识链接

Access 对来自外部的数据有导入和链接两种方法。导入时将其程序的文件数据直接嵌入到 Access 表中；链接则只是在 Access 保存源数据的地址，源数据没有真正嵌入 Access 数据库。例如，将如图 2 – 103 所示的文本文件"高中信号 1101 班"链接到教学管理数据库，具体操作如下：

步骤1. 在教学管理数据库中单击"外部数据"选项卡"导入"组中的"文本文件"按钮，弹出"获取外部数据 – 文本文件"对话框，如图 2 – 104 所示。

步骤2. 弹出"导入文本向导"对话框，选中"固定宽度"单选按钮，单击"下一步"按钮，如图 2 – 105 所示。

步骤3. 进入"字段宽度调整"界面，通过对该界面中字段旁的分隔线的拖动，实现对字段宽度的调整，这里我们保持系统默认，单击"下一步"按钮，如图 2 – 106 所示。

图 2 – 103　高中信号
1101 班.txt

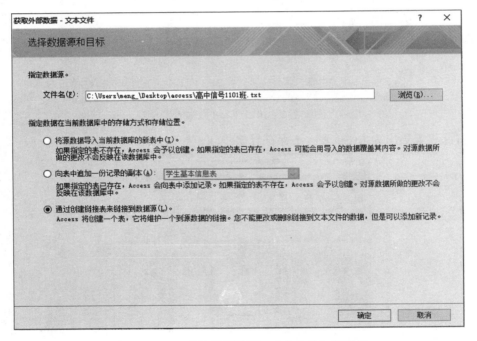

图 2 – 104　"获取外部数据—文本文件"对话框

步骤4. 进入"字段命名"界面，单击"字段 1"，在"字段名"文本框中将名称改为"姓名"，同样单击"字段 2"，在"字段名"文本框中将名称改为"成绩"，如图 2 – 107 所示，单击"下一步"按钮。

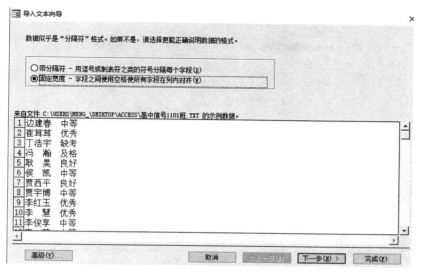

图 2 - 105 调整字段宽度

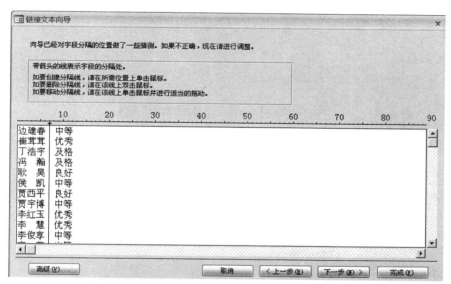

图 2 - 106 调整字段宽度

步骤 5. 进入 "导入文本向导" 完成界面, 在 "导入到表" 中设置表名称, 单击 "完成" 按钮, 弹出 "链接数据完成提示" 对话框, 单击 "确定" 按钮, 完成数据的链接, 如图 2 - 108 所示。

步骤 6. 在文本文件中修改 "边建春" 的成绩为 "缺考", 在教学管理数据库的导航窗格中, 双击 "高中信号 1101 班成绩" 项, 将打开图 2 - 109 所示的数据表, 从该表中我们看到, Access 表中的数据与原文件数据会一同改变。

注意: 在导航窗格中选定链接表, 按【Delete】键可以删除数据链接。用户删除的是数据的链接信息, 而不是数据本身。

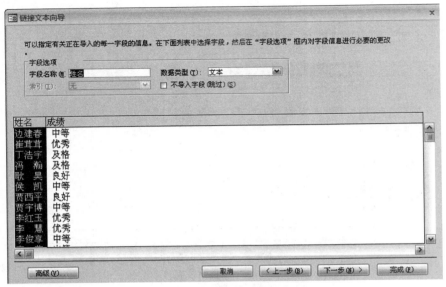

图 2 – 107 设置字段名称

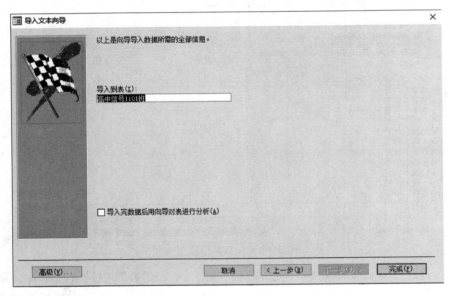

图 2 – 108 完成数据的链接

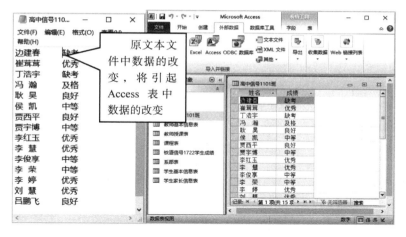

图 2 - 109　查看链接表数据

任务6　为教学管理数据库设置密码

任务描述

为"教学管理"数据库设置数据库密码。

任务分析

为防止他人打开自己的数据库，可以使用"设置数据库密码"命令为数据库设置一个密码，只有知道该密码的用户才能打开这个数据库。

任务实施

步骤 1. 启动 Access 2010，在打开的界面中单击"更多…"选项，弹出"打开"对话框，选择教学管理数据库文件，单击"打开"按钮右侧的下拉按钮，在弹出的下拉列表中选择"以独占方式打开"，如图 2 - 110 所示。

步骤 2. 以独占方式打开数据库文件后，单击"文件"选项卡标签，从左侧窗格中选择"信息"选项，单击"信息"组中的"设置数据库密码"按钮，如图 2 - 111 所示。

步骤 3. 在弹出的"设置数据库密码"对话框中输入密码及与此相同的验证码，如图 2 - 112 所示，单击"确定"按钮，完成对"教学管理"数据库文件的加密。

步骤 3. 当打开教学管理数据库时，就会弹出"要求输入密码"对话框，如图 2 - 113 所示，输入正确的密码后才可以打开数据库文件。

图2-110　"打开"对话框

图2-111　"文件"选项卡

图2-112 设置数据库密码   图2-113 "要求输入密码"对话框

小 结

用户给数据库设置了密码，Access 2010 数据库就会对此数据库进行加密，保护该数据库不被别人随意打开。

上机实践

请撤销教学管理数据库的密码。

操作提示：以独占方式打开教学管理数据库，然后选择"文件"—"信息"—"解密数据库"。

拓展训练

1. 查找"刘红"的信息

步骤1. 打开学生基本信息表的数据表视图，选中要查找的"姓名"列，单击"开始"选项卡"查找"组中的"查找"按钮，如图2-114所示。

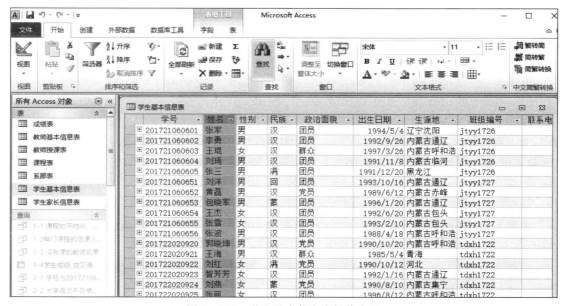

图2-114 学生基本信息表操作窗口

步骤2. 在弹出的"查找和替换"对话框中,在"查找内容"文本框中输入"刘红",如图2-115所示,然后单击"查找下一个"按钮,找到的内容会以选中的状态显示,如图2-116所示。

图2-115　"查找和替换"对话框

学号	姓名	性别	民族	政治面貌	出生日期	生源地	班级编号
201721060601	张军	男	汉	团员	1994/5/4	辽宁沈阳	jtyy1726
201721060602	李勇	男	汉	团员	1992/9/26	内蒙古通辽	jtyy1726
201721060603	王琨	女	汉	群众	1997/3/26	内蒙古呼和浩	jtyy1726
201721060604	刘琦	女	汉	团员	1991/11/8	内蒙古临河	jtyy1726
201721060605	张三	男	满	团员	1991/12/20	黑龙江	jtyy1726
201721060651	刘洋	男	回	团员	1993/10/16	内蒙古通辽	jtyy1727
201721060652	黄磊	男	汉	党员	1989/6/12	内蒙古赤峰	jtyy1727
201721060653	包晓军	男	蒙	团员	1996/1/20	内蒙古通辽	jtyy1727
201721060654	王杰	女	汉	团员	1992/6/20	内蒙古包头	jtyy1727
201721060655	张雪	女	汉	团员	1993/2/10	内蒙古包头	jtyy1727
201721060656	张波	男	汉	团员	1988/4/18	内蒙古呼和浩	jtyy1727
201722020920	郭晓坤	男	汉	团员	1990/10/26	内蒙古呼和浩	tdxh1722
201722020921	王海	男	汉	群众	1985/5/4	青海	tdxh1722
201722020922	刘红	女	满	党员	1990/10/12	河北	tdxh1722
201722020923	智芳芳	女	汉	团员	1992/1/16	内蒙古通辽	tdxh1722
201722020924	刘燕	女	蒙	党员	1990/8/10	内蒙古集宁	tdxh1722
201722020925	张丽	女	汉	团员	1996/8/12	内蒙古呼和浩	tdxh1722

图2-116　查找数据的结果

2. 将"政治面貌"中的"团员"替换为"中国共青团团员"

步骤1. 打开学生基本信息表的数据表视图,选中要替换数据的"政治面貌"列,在"开始"选项卡的"查找"组中单击"替换"按钮,打开"查找与替换"对话框。

步骤2. 在"查找与替换"对话框的"查找内容"文本框中输入"团员",在"替换为"文本框中输入替换的内容为"中国共青团团员",单击"全部替换"按钮,系统会提示"您将不能撤销该替换操作",单击"是"按钮,即可将数据替换,如图2-117所示。

3. 隐藏和显示"生源地"字段

步骤1. 打开学生基本信息表的数据表视图,单击"生源地"字段的标题,选中该字段列。

步骤2. 在这一列列标题位置单击鼠标右键,弹出快捷菜单,选择菜单中的"隐藏列"命令,此时,"生源地"字段便会隐藏起来。

步骤3. 在任一列的列标题处单击鼠标右键,弹出快捷菜单,选择菜单中的"取消隐藏列"命令，弹出如图2-118所示的"取消隐藏列"对话框，此时，勾选"生源地"字段，单击"关闭"按钮，"生源地"字段便会显示起来。

图2-117　替换数据

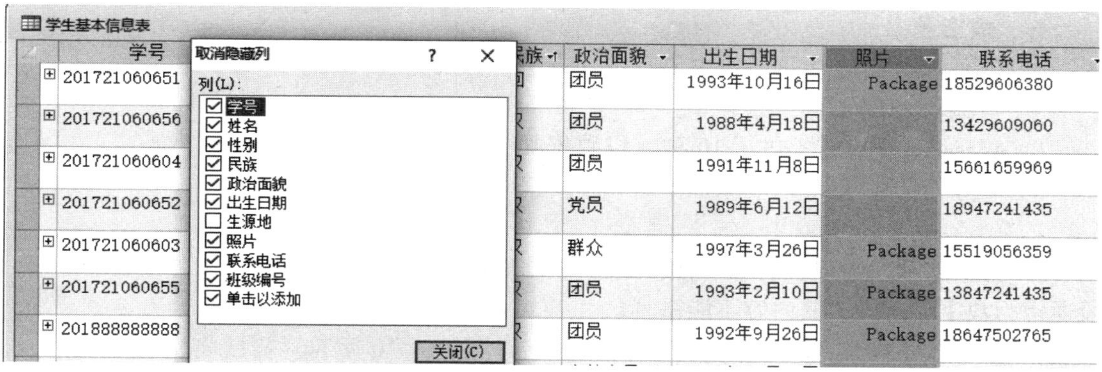

图2-118　"取消隐藏列"菜单

4．冻结"姓名"列

步骤1．打开学生基本信息表的数据表视图，将光标置于"姓名"字段列标题处，单击鼠标右键，在弹出的快捷菜单中选择"冻结字段"命令。

步骤2．这时，"姓名"字段被冻结，出现在窗口的最左边。

步骤3．拖动窗口右下角的水平滚动条，可以看到"姓名"字段总是处于窗口的最左端，其显示效果如图2-119所示。

步骤4．若要取消已有的冻结列效果，只需在列标题上单击鼠标右键，选择快捷菜单中的"取消对所有列的冻结"命令即可。

学生基本信息表				
姓名	政治面貌	出生日期	生源地	班级编号
张军	团员	1994/5/4	辽宁沈阳	jtyy1726
李勇	团员	1992/9/26	内蒙古通辽	jtyy1726
王琨	群众	1997/3/26	内蒙古呼和浩	jtyy1726
刘琦	团员	1991/11/8	内蒙古临河	jtyy1726
张三	团员	1991/12/20	黑龙江	jtyy1726
刘洋	团员	1993/10/16	内蒙古通辽	jtyy1727
黄磊	党员	1989/6/12	内蒙古赤峰	jtyy1727
包晓军	团员	1996/1/20	内蒙古通辽	jtyy1727
王杰	团员	1992/6/20	内蒙古包头	jtyy1727
张雪	团员	1993/2/10	内蒙古包头	jtyy1727
张波	团员	1988/4/18	内蒙古呼和浩	jtyy1727
郭晓坤	党员	1990/10/20	内蒙古呼和浩	tdxh1722
王海	群众	1985/5/4	青海	tdxh1722
刘红	党员	1990/10/12	河北	tdxh1722
智芳芳	团员	1992/1/16	内蒙古通辽	tdxh1722
刘燕	党员	1990/8/10	内蒙古集宁	tdxh1722
张丽	团员	1996/8/12	内蒙古呼和浩	tdxh1722

图 2-119　冻结"姓名"字段

思考与练习

一、填空题

1. 在 Access 2010 中创建表主要有三种方法，分别为（　　　　　）、（　　　　　）和（　　　　　）。

2. Access 数据库共提供了 10 种字段数据类型，它们是（　　　　　）、（　　　　　）、（　　　　　）、（　　　　　）、（　　　　　）、（　　　　　）、（　　　　　）、（　　　　　）、（　　　　　）、（　　　　　）。

3. 为了表示表中记录的唯一性，通常每个表都需要设置（　　　），设为（　　　）的字段通常为数字型字段，其内容不能重复。

4. 如果需要将某"文本"型字段的输入字符限制为 10 字符，需要将字段的（　　　）属性设置为（　　　）。

5. Access 中的表关系类型共有（　　　　　）、（　　　　　）、（　　　　　）三种。

6. 使用（　　　　　）设置字段数据类型时，将引用其他表中的字段，并与所引用的字段建立关系。

7. 利用 Access 数据库"外部数据"选项卡"导出"组中的按钮，可将 Access 数据库中的对象导出到其他数据库、（　　　　　）、（　　　　　）、（　　　　　）或 HTML 网页文件等。

二、简答题

1. 简述什么是参照完整性，实施参照完整性必须遵守的规则是什么。

2. 叙述什么是 Access 数据库的导入数据和链接数据，以及它们的区别。

3. 在 Access 中如何创建两张表之间的多对多关系？

4. 字段属性中的"输入掩码"的作用是什么？

5. 打开表之后，什么时候应在数据表视图中工作？什么时候应在设计视图中工作？

6. Access 提供的筛选记录的方法有哪几种？各有什么特点？

项目 3
查 询 的 设 计

● 学习目标

❈ 了解查询的功能和类型
❈ 熟悉创建查询的方法
❈ 了解运算符和函数的功能，掌握查询条件表达式的设置操作
❈ 熟练掌握建立选择查询的操作
❈ 熟练掌握建立参数查询的操作
❈ 熟练掌握建立交叉表查询的操作
❈ 熟练掌握建立操作查询的操作
❈ 了解 SQL 查询的特点，掌握 SQL 查询的应用操作

预备知识

数据库创建之后，用户需要方便、快捷地从中检索出所需要的各种数据。Access 的查询对象是数据库中进行数据检索和数据分析的强有力的工具，它不仅可以对数据库中的一个或多个表中的数据信息进行查找、汇总和排序，而且能对记录进行更新、删除和追加等多种操作，供用户查看、统计、分析和使用。

1. 查询的功能

查询是 Access 数据库系统中一个非常重要的对象，查询最主要的目的是根据用户指定的条件从数据库的表或查询中筛选出符合条件的记录，构成一个新的数据集合，从而方便地对数据表进行查看和分析。查询对象的具体功能如下。

（1）查询可以从一个或多个表和查询中查询数据。

（2）查询不仅可以检索数据库中的数据，还可以对数据库中的数据进行更新、删除和追加等编辑操作。

（3）查询通过指定准则（查询条件）来限制结果集中所要显示的记录，并指定记录的排列次序。

（4）查询可以对数据源中的数据进行汇总计算。

（5）查询的结果会随着数据表中的信息的改变而改变。

（6）查询可以作为窗体、报表的数据源。

（7）可在结果集的基础上建立图表，从图表可以得到直观的图像信息。

2. 查询的类型

在 Access 中，查询包括选择查询、交叉表查询、参数查询、操作查询和 SQL 查询。

1）选择查询

选择查询是最常用的查询类型，它依据指定的条件从一个或多个表中检索数据，也可以对记录进行分组，并且对记录进行总计、计数、平均值以及其他类型的汇总计算，而且还可以按照需要的次序显示数据。

2）交叉表查询

交叉表查询可以对表或查询中的数据进行汇总，并重新组织数据，一组显示在数据表的上部，一组显示在数据表的左侧，汇总数据将显示在数据表的行列交叉处。

3）参数查询

参数查询是一种使用对话框来提示用户输入查询条件的查询，参数查询根据用户输入的条件检索出符合条件的数据，使查询更加灵活。

4）操作查询

操作查询通过一次操作可以对符合条件的记录进行更新、删除、追加等编辑操作。操作查询包括更新查询、删除查询、追加查询和生成表查询。

（1）更新查询：可以对一个或多个表中的一组记录进行批量更改。

（2）删除查询：从一个或多个表中删除一组记录。

（3）追加查询：可将一个或多个表中的一组记录添加到一个或多个表的尾部。

（4）生成表查询：将一个或多个表中的满足条件的数据保存为一个新的数据表。

5）SQL 查询

SQL 查询就是使用 SQL 语句创建的查询。SQL 语句不仅能够用来查询数据库，而且可以实现表的创建、删除、表结构的修改和记录的编辑查询等操作。

任务1　利用查询向导完成数据的统计工作

任务描述

使用查询向导完成以下数据的统计：

➢ 统计每门课程的平均分、最高分和最低分

➢ 统计每门课程的选课人数

➢ 统计没有授课任务的教师，并显示教工号、姓名、性别、职称和联系电话

➢ 以交叉表形式显示学生成绩

任务分析

Access 提供了 4 种查询向导，包括简单查询向导、交叉表查询向导、查找不匹配项查询向导和查找重复项查询向导。

简单查询向导不仅可以从一个或多个表中指定的字段来检索数据，还可以对记录进行分组或对全部记录进行总计、求平均值、最大值、最小值和计数等计算。

使用交叉表查询向导可以方便快捷的创建交叉表查询。使用交叉表查询向导创建交叉表查询时，查询的数据必须来源于一个表或查询。如果查询结果来自多个表，必须先创建一个查询，把所需要的字段数据添加到一个查询中，再把该查询作为交叉表查询向导的数据源。

查找不匹配项查询向导可以在一个表中找出另一个表中所没有的相关记录。在具有一对多关系的两个数据表中，对于"一"方的表中的每一条记录，在"多"方的表中可能有一条或多条记录与之对应，使用不匹配项查询向导，就可以查找出那些在"多"方表中没有对应记录的"一"方数据表中的记录。

查找重复项查询向导可以对数据表中具有相同值的记录进行检索和分类，快速地查找出重复项，从而确定表中是否有重复的记录。

因此，以上4个任务分别使用简单查询向导、重复项查询向导、不匹配项查询向导和交叉表查询向导实现。

任务实施

任务1-1 查询每门课程的平均分、最高分和最低分

步骤1. 启动查询向导，选择简单查询向导。打开"教学管理"数据库，在"创建"选项卡中选择"其它"组中的"查询向导"按钮，如图3-1所示。在"新建查询"对话框中，选择"简单查询向导"，然后单击"确定"按钮，如图3-2所示。

图3-1 其他组   图3-2 新建查询对话框

步骤2. 选择要查询的表和字段。在"简单查询向导"对话框中，从"表/查询"下拉列表中选择"课程表"，从"可用字段"列表框中依次选择"课程号""课程名"字段，将其添加到"可用字段"列表框中，如图3-3所示，再从"表/查询"下拉列表中选择"成绩表"，并把"成绩"字段添加到"可用字段"列表中，如图3-4所示。

> **提示** 图3-3中的 **>** 按钮将选定的一个字段添加到"可用字段"列表中；**>>** 按钮表示选定全部字段；**<** 按钮表示从"可用字段"中删除某个字段；**<<** 按钮则表示从"可用字段"中删除所有字段。

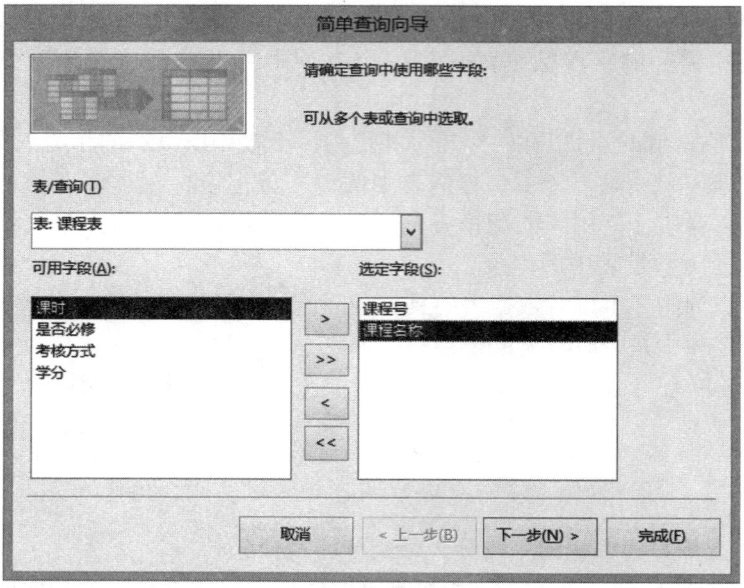

简单查询向导

请确定查询中使用哪些字段：

可从多个表或查询中选取。

表/查询(T)

表: 课程表 ▾

可用字段(A):　　　　　　　选定字段(S):

课时	课程号
是否必修	课程名称
考核方式	
学分	

＞　＞＞　＜　＜＜

取消　＜上一步(B)　下一步(N)＞　完成(F)

图 3 – 3　课程表中选择字段

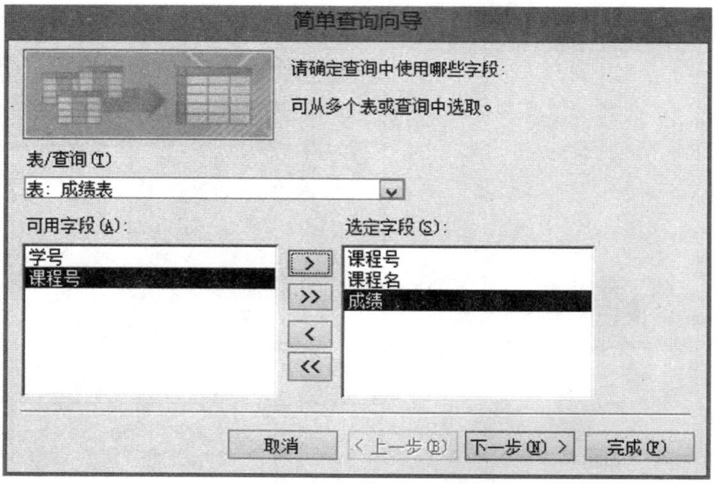

简单查询向导

请确定查询中使用哪些字段：

可从多个表或查询中选取。

表/查询(T)

表: 成绩表 ▾

可用字段(A):　　　　　　　选定字段(S):

学号	课程号
课程号	课程名
	成绩

＞　＞＞　＜　＜＜

取消　＜上一步(B)　下一步(N)＞　完成(F)

图 3 – 4　成绩表中选择字段

步骤 3. 选择汇总查询，设置汇总选项。单击"下一步"按钮，进入下一个界面，在"请确定采用明细查询还是汇总查询"单选框中选择"汇总"，如图 3 – 5 所示。单击"汇总选项"按钮，打开"汇总选项"界面，选择"平均""最大"和"最小"下方的复选框，如图 3 – 6 所示，单击"确定"按钮返回。

步骤 4. 保存查询，查看结果。单击"下一步"按钮，在对话框中输入查询的标题，选择"打开查询查看信息"单选按钮，如图 3 – 7 所示。单击"完成"按钮，即显示查询的结果，如图 3 – 8 所示。

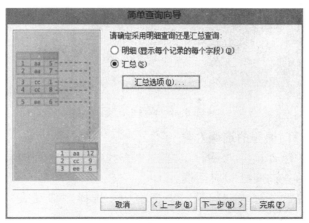

图 3 - 5　确定查询类型

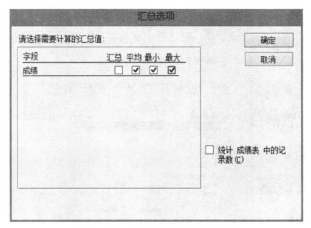

图 3 - 6　"汇总选项"的设置

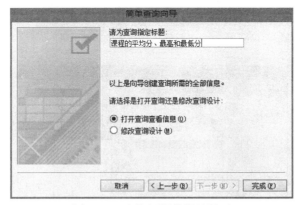

图 3 - 7　查询标题的设置界面

课程 ⋅	课程名称 ⋅	成绩 之 平均值 ⋅	成绩 之 最小值 ⋅	成绩 之 最大值 ⋅
001	高等数学	71.2941176470588	19	92
002	大学语文	77.9411764705882	53	90
003	政治	79.4117647058823	48	96
004	大学英语	80.6470588235294	54	93
007	计算机基础	76.3529411764706	50	95
008	铁道概论	79.8181818181818	67	93
010	信号基础	79.5	60	89

图 3 – 8　查询结果

任务 1 – 2　统计每门课程的选课人数

步骤 1. 打开"新建查询"对话框，选择"查找重复项查询向导"，单击"确定"按钮，打开"查找重复项查询向导"对话框。

步骤 2. 在"查找重复项查询向导"对话框中，选择"成绩表"，单击"下一步"按钮，如图 3 – 9 所示。

步骤 3. 在"可用字段"中选择"课程号"作为"重复值字段"，如图 3 – 10 所示，最后单击"下一步"按钮。

图 3 – 9　选择重复字段值的表或查询

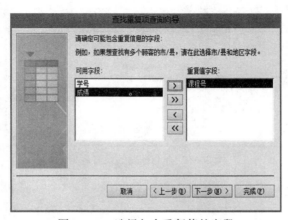

图 3 – 10　选择包含重复值的字段

步骤4. 没有可显示的其他字段，直接单击“下一步”按钮，如图3－11所示。

步骤5. 输入查询的名称，单击“完成”按钮，查询的结果如图3－12所示。

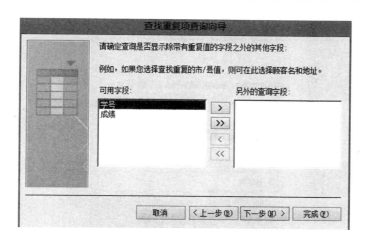

图3－11　选择其他要显示的字段

课程号	Number0
001	17
002	17
003	17
004	17
007	17
008	11
010	6

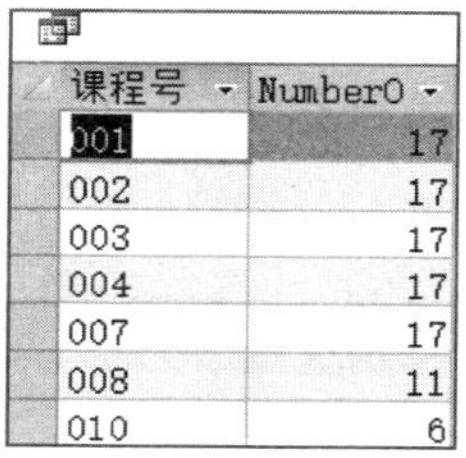

图3－12　查询结果

任务1－3　统计没有授课任务的教师，并显示教工号、姓名、性别、职称和联系电话。

没有授课任务的教师就是教师授课表中没有出现的教师，通过比较教师基本信息表和教师授课表中的教工号字段，可以找出两个表中不匹配的记录。

步骤1. 启动“查找不匹配项查询向导”。

步骤2. 选择在查询结果中显示记录的表，即“教师基本信息表”，如图3－13所示，单击“下一步”按钮。

步骤3. 选择包含相关记录的表，即“教师授课表”，如图3－14所示，单击“下一步”按钮。

步骤4. 选择进行匹配的字段。分别从两个表中选择“教工号”字段，单击“<=>”按钮，如图3－15所示，单击“下一步”按钮。

步骤5. 选择在查询结果中显示的字段。从“可用字段”列表框中选择“教工号”“姓名”“性别”“职称”和“联系电话”字段，添加到“选定字段”列表中，如图3－16所示，然后单击“下一步”按钮。

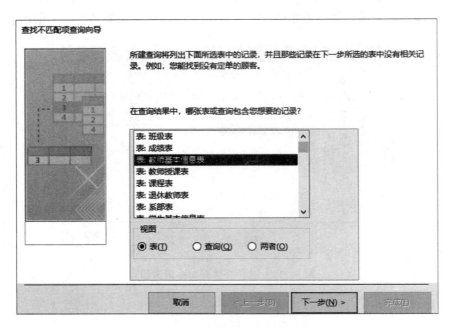

图 3 – 13 选择要新建查询的表

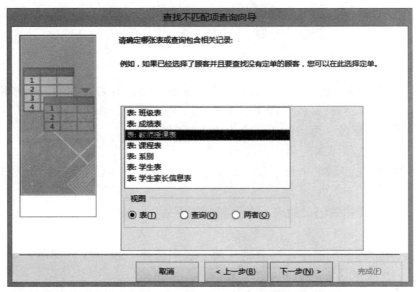

图 3 – 14 选择包含相关记录的表

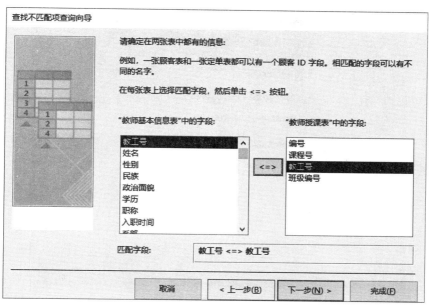

图 3 – 15　选择匹配的字段

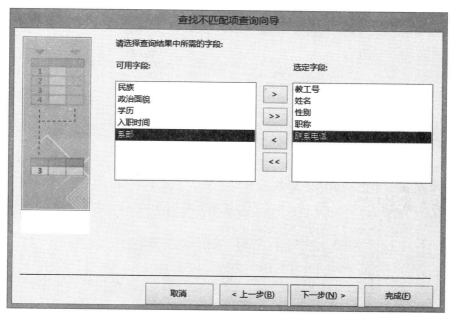

图 3 – 16　选择查询结果中显示的字段

步骤6. 输入查询名称，如图3 - 17所示，最后单击"完成"按钮，查询结果如图3 - 18所示的。

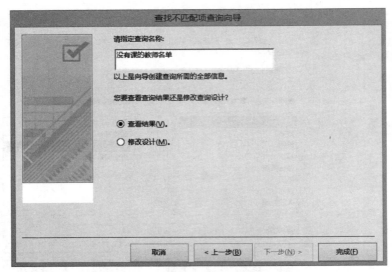

图3 - 17　输入查询名称

教工号	姓名	性别	职称	联系电话
2006007	王磊	男	讲师	13847292320
1980012	赵华	男	讲师	15925555652
2012013	赵凯丽	女	助教	13722034529
1981015	周涛	男	副教授	15656565528
1980016	张兰	女	讲师	15512036503
1989017	王乐乐	女	讲师	13622034509
2001018	贾晓燕	女	讲师	18647208912
2000019	冯月月	女	助教	15612345688
2001020	郭美丽	女	讲师	13622034527
2003022	王鑫	女	讲师	15612345675
2010023	陈燕	女	副教授	18645671142

图3 - 18　查询的结果

任务1 - 4　以交叉表形式显示学生成绩

交叉表形式显示学生成绩的效果如图3 - 19所示，其中"学号"称为交叉表的行标题，"课程号"称为交叉表的列标题，行列交叉处显示课程成绩。

学号	001	002	003	004	007	008
201721060601	72	80	87	90	80	84
201721060602	60	56	86	80	50	92
201721060603	19	49	95	85	70	67
201721060604	74	88	90	88	90	80
201721060605	80	57	86	86	50	70
201721060651	76	86	64	83	76	88
201721060652	80	80	87	90	85	85
201721060653	54	70	80	93	87	80
201721060654	90	90	96	66	92	93
201721060655	68	63	53	78	50	69
201721060656	87	89	85	77	90	70

图3 - 19　交叉表显示学生成绩

步骤1. 启动查询向导，选择交叉表查询向导。

步骤2. 在"交叉表查询向导"对话框中，选择"成绩表"，单击"下一步"按钮。

步骤3. 选择行标题。在"可用字段"列表框中选择"学号"字段，将其添加到"选定字段"中，如图3－20所示，单击"下一步"按钮。

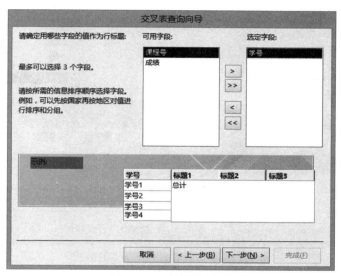

图3－20　设置行标题

步骤4. 选择列标题。在"可用字段"列表框中选择"课程号"字段，如图3－21所示，再单击"下一步"按钮。

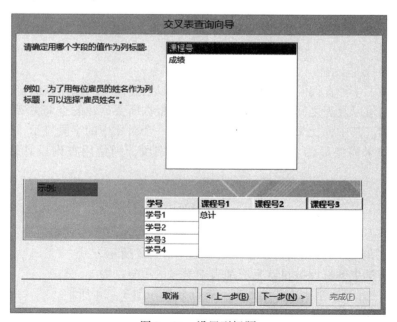

图3－21　设置列标题

步骤5. 选择行列交叉点显示的汇总字段。在"字段"列表框中选择"成绩"字段，在

"函数"列表框中选择"第一项",如图3-22所示,最后单击"下一步"按钮。

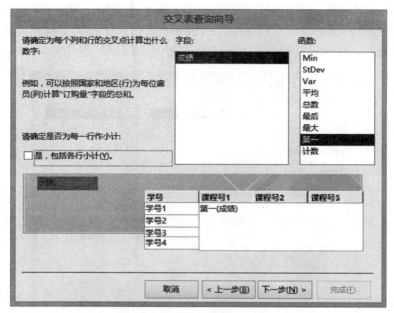

图3-22 设置行列交叉点的值

步骤6. 在对话框中输入查询的名称,然后单击"完成"按钮,即可看到查询结果。

提示 在"交叉表查询向导"对话框中的"视图"选项组中包含3个单选按钮,分别是表、查询和两者,"表"单选按钮用于显示数据库中的所有表,"查询"单选按钮用于显示全部查询,"两者"单选按钮用于显示数据库中所有的表和查询。

小 结

Access 提供了4种查询向导,使用查询向导可以创建简单的选择查询、交叉表查询、在表中查找重复的值以及表之间不匹配的记录。用户根据所要创建的查询类型来选择不同的查询向导创建查询。其中,交叉表查询向导只能选择一个对象中的字段显示,不能显示不同对象中的字段,如果需要显示不同的表或查询中的字段,则使用查询设计视图创建交叉表查询。

上机实践

1. 统计每个学生的选课数目,查询结果如图3-23所示。

操作提示:学生的选课数目就是成绩表中学号的重复次数。

2. 统计还没有录入学生成绩的课程,查询效果如图3-24所示。

操作提示:还没有录入学生成绩就表示在成绩表中没有该课程的成绩,即要查询课程表中课程号与成绩表的课程号不匹配的记录。

学号 字段 ▾	NumberOfDups ▾
201721060601	6
201721060602	6
201721060603	6
201721060604	6
201721060605	6
201721060651	6
201721060652	6
201721060653	6
201721060654	6
201721060655	6
201721060656	6
201722020920	6
201722020921	6
201722020922	6
201722020923	6
201722020924	6
201722020925	6

图3-23 每个学生的选课数目

课程号 ▾	课程名称 ▾	考核方式 ▾
005	C语言	考查
006	数据库应用	考查
009	行车安全	考试
011	音乐欣赏	考查
012	心理健康	考查
013	体育	考查
014	图形处理	考查
015	网球	考查
*		

图3-24 没有录入成绩的课程信息

3. 统计每个学生的总分和平均分，如图3-25所示。

学号 ▾	姓名 ▾	班级名称 ▾	成绩 之 ▾	成绩 之 平均值 ▾
201721060601	张军	交通运营管理1726	493	82.1666666666667
201721060602	李勇	交通运营管理1726	424	70.6666666666667
201721060603	王琨	交通运营管理1726	415	69.1666666666667
201721060604	刘琦	交通运营管理1726	519	86.5
201721060605	张三	交通运营管理1726	439	73.1666666666667
201721060651	刘洋	交通运营管理1727	473	78.8333333333333
201721060652	黄磊	交通运营管理1727	507	84.5
201721060653	包晓军	交通运营管理1727	474	79
201721060654	王杰	交通运营管理1727	527	87.8333333333333
201721060655	张雪	交通运营管理1727	369	61.5
201721060656	张波	交通运营管理1727	498	83
201722020920	郭晓坤	铁道信号1722	486	81
201722020921	王海	铁道信号1722	378	63
201722020922	刘红	铁道信号1722	480	80
201722020923	智芳芳	铁道信号1722	516	86
201722020924	刘燕	铁道信号1722	551	91.8333333333333
201722020925	张丽	铁道信号1722	401	66.8333333333333

图3-25 学生的总分和平均分

4. 以交叉表显示各系男女教师人数，如图3-26所示。

系部 ▾	男 ▾	女 ▾
01	1	3
02	3	2
03	4	1
04	1	3
05	1	4
06	3	2

图3-26 每个系的男女教师人数

任务2　利用设计视图查询学生成绩

任务描述

1. 查询学号为"201721060654"的学生所有课程的成绩。

2. 统计"大学语文"不及格的学生名单，并按班级排序。

3. 统计所修课程的平均分在 85 分以上的学生名单（学号、姓名、班级），并按平均分降序排序。

4. 统计课程号为"004"的课程的班级平均分、最高分和最低分，并按平均分降序排序。

5. 统计不及格课程门数达到 3 门及以上的学生名单，显示学号、姓名、不及格课程门数、班级和班主任联系电话，并按班级排序。

任务分析

使用查询向导虽然可以快速、方便地创建一些选择查询，但不能通过设置准则（查询条件）来限制查询的结果，也无法对查询结果进行排序，这样，这种简单的查询方式就不能满足用户的需要了。此时，用户可以使用"查询设计视图"创建查询。

任务实施

任务 2 – 1　查询学号为"201721060654"的学生的所有课程的成绩

步骤 1. 启动查询设计视图。单击"创建"选项卡中"其他组"中的"查询设计"按钮，如图 3 – 1 所示。

步骤 2. 添加要查询的数据表。在"显示表"对话框中，选择"课程表"和"成绩表"，单击"添加"按钮将其添加到查询设计视图窗口中，如图 3 – 27 所示，添加好数据表后关闭"显示表"对话框。

图 3 – 27　设计视图中添加表

步骤 3. 添加要显示或设置查询条件的字段。双击选择成绩表的"学号""课程号"

"成绩"字段到字段列表中，再把课程表的"课程名称"字段添加到字段列表，如图 3 – 28 所示。

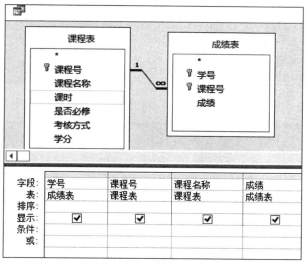

图 3 – 28 添加字段

步骤 4. 输入查询条件。在"学号"字段的条件文本框中输入"201721060654"，并且设置为"不显示"，如图 3 – 29 所示。

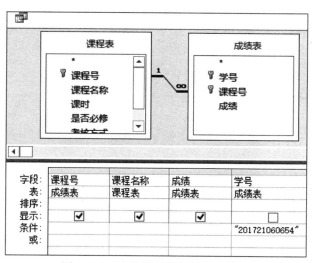

图 3 – 29 查询设计视图的设置效果

步骤 5. 运行查询。单击"查询工具 设计"选项卡"结果"组中的"运行"按钮，如图 3 – 30 所示，将显示查询结果，如图 3 – 31 所示。

步骤 6. 保存查询。单击标题栏左侧"快速访问工具栏"中的"保存"按钮，弹出"另存为"对话框，如图 3 – 32 所示，输入查询的名称，然后单击"确定"按钮完成保存。

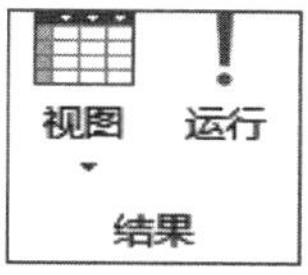

图 3 – 30 结果组

图 3-31　查询结果　　　　　　　图 3-32　"另存为"对话框

提示　在 Access 中，从多个表中查询数据时，表和表之间必须先创建表之间的关系。在本任务中，课程表和成绩表之间创建了一对多的关系。

任务 2-2　统计"大学语文"课不及格的学生名单，并按班级排序。

步骤 1. 启动查询设计视图。

步骤 2. 添加要查询的数据表。在"显示表"对话框中，选择学生基本信息表、课程表、成绩表和班级表，单击"添加"按钮将其添加到查询设计视图窗口中，如图 3-33 所示，添加完数据表后关闭"显示表"对话框。

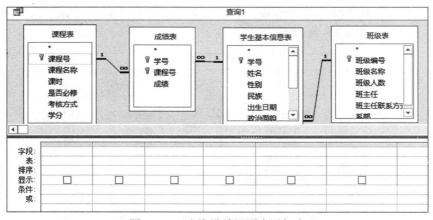

图 3-33　查询设计视图中添加表

步骤 3. 添加字段。从班级表选择"班级名称"字段，从学生基本信息表选择"学号""姓名"字段，从课程表中选择"课程名称"字段，从成绩表中选择"成绩"字段添加到字段列表中。

步骤 4. 设置查询条件。在"课程名称"字段的条件文本框中输入"大学语文"，并且设置为"不显示"，在"成绩"字段的条件文本框中输入" <60"，如图 3-34 所示。

步骤 5. 设置排序字段。在"班级名称"字段的排序行选择排序方式，如图 3-34 所示。

步骤 6. 运行查询。单击"查询工具 设计"选项卡"结果"组中的"运行"按钮，即可显示查询结果，如图 3-35 所示。

步骤 7. 保存查询。单击标题栏左侧"快速访问工具栏"中的"保存"按钮。

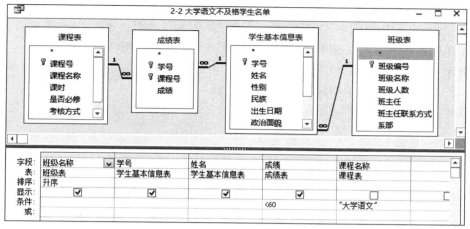

图 3－34　查询设计视图设置界面

班级名称	学号	姓名	成绩
交通运营管理1726	201721060602	李勇	56
交通运营管理1726	201721060605	张三	57
交通运营管理1727	201721060655	张雪	53

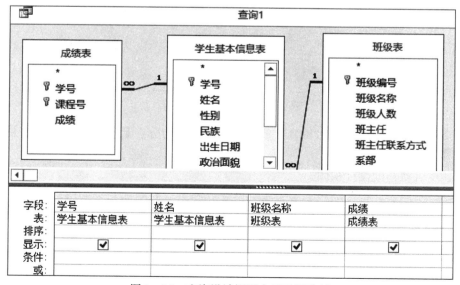

图 3－35　查询的运行结果

任务 2－3　统计所修课程的平均分在 85 分以上的学生名单（学号、姓名、班级），并按平均分的降序排序

步骤 1．启动查询设计视图。

步骤 2．将学生基本信息表、成绩表和班级表添加到查询设计视图中。

步骤 3．分别双击学生基本信息表中的“学号”“姓名”字段、成绩表的“成绩”字段和班级表的“班级名称”字段，将其添加到字段列表中，如图 3－36 所示。

图 3－36　查询设计视图中显示汇总行

步骤4. 显示"汇总"行。单击"查询工具 设计"选项卡"显示/隐藏"组的"汇总"按钮 **∑**，即可在设计视图中添加"总计"行。要显示"总计"行，用户还可以在"设计网格"中单击鼠标右键，在弹出的快捷菜单中选择"汇总"命令。

步骤5. 选择汇总方式。"学号""姓名""班级名称"字段的总计方式保持不变，"成绩"字段的总计行选择"平均值"，如图3-37所示。

步骤6. 在"成绩"字段的条件行输入">=85"，在排序行选择"降序"，如图3-37所示。

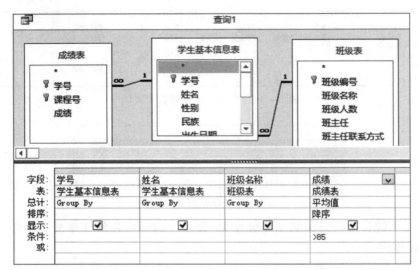

图3-37 设计视图的设置

步骤7. 运行查询，查询结果如图3-38所示。

步骤8. 保存查询。

学号	姓名	班级名称	成绩之平均值
201721060604	刘琦	交通运营管理1726	85
201721060654	王杰	交通运营管理1727	87.8333333333333
201722020923	智芳芳	铁道信号1722	85.8333333333333
201722020924	刘燕	铁道信号1722	92

图3-38 查询的运行结果

任务2-4 统计课程号为"004"的课程的班级平均分、最高分和最低分，并按平均分的降序排序

步骤1. 启动查询设计视图。

步骤2. 添加表。将成绩表、学生基本信息表和班级表添加到查询设计视图中。

步骤3. 添加字段。将"班级名称""课程号"和"成绩"字段添加到字段列表中。注意："成绩"字段需要添加三个，如图3-39所示，因为需要计算成绩的平均分、最高分和最低分。

步骤4. 显示总计行。单击"查询工具 设计"选项卡"显示/隐藏"组的"汇总"按钮 **∑**。

步骤5. 选择汇总方式。"课程号""班级名称"字段的总计方式保持不变,"成绩"字段的总计行分别选择"平均值""最大值"和"最小值",如图3-39所示。

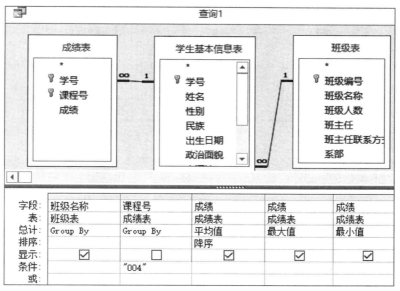

图3-39 查询设计视图的设置效果

步骤6. 设置查询条件和排序字段。在"课程号"字段的条件行输入"004",选择不显示,在计算"平均分"的成绩字段的排序行选择"降序",如图3-39所示。

步骤7. 运行查询,查看查询结果,如图3-40所示。

班级名称	成绩之平均值	成绩之最大值	成绩之最小值
交通运营管理1726	85.8	90	80
交通运营管理1727	81.1666666666667	93	66
铁道信号1722	75.8333333333333	92	54

图3-40 查询结果

步骤8. 保存查询。

步骤9. 重命名列标题。

图3-40所示的查询结果中的列标题为"成绩之平均值""成绩之最大值"和"成绩之最小值",不够直观,其实用户可以更改查询结果中显示的列标题。打开查询的"设计视图",在设计网格的"字段"行中设置列标题,如图3-41所示,列标题和字段名以冒号隔开,冒号要在英文输入法状态下输入。再次运行查询,查询结果如图3-42所示。

任务2-5 统计不及格课程门数达到3门及以上的学生名单,显示学号、姓名、不及格课程门数、班级和班主任联系电话,并按班级排序。

步骤1. 启动查询设计视图。

步骤2. 将学生基本信息表、成绩表和班级表添加到查询设计视图中。

步骤3. 将成绩表的"学号""课程号""成绩"字段和学生基本信息表的"姓名"字段以及班级表的"班级名称""班主任联系方式"字段添加到字段列表中,如图3-43所示。

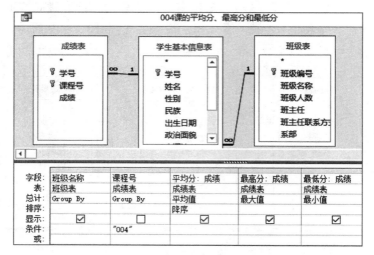

图 3 – 41　列标题的设置

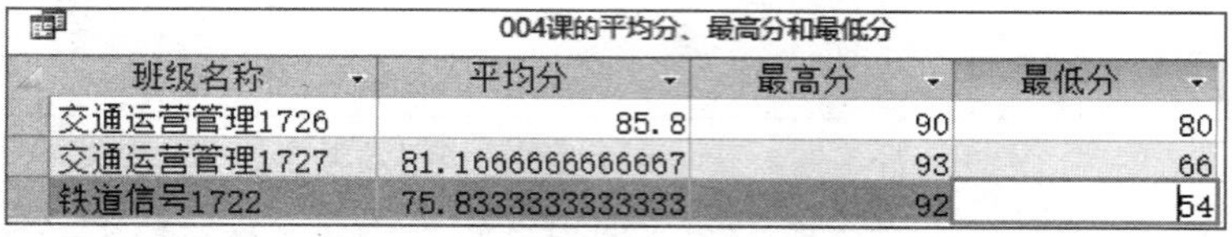

班级名称	平均分	最高分	最低分
交通运营管理1726	85.8	90	80
交通运营管理1727	81.1666666666667	93	66
铁道信号1722	75.8333333333333	92	54

图 3 – 42　查询结果

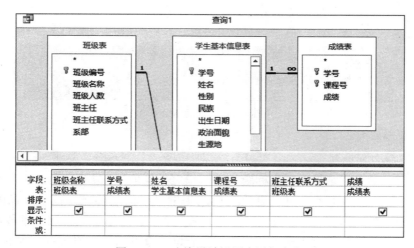

图 3 – 43　查询设计视图中添加字段

步骤 4. 设置查询条件筛选出成绩不及格的学生。在"成绩"字段的条件行输入"＜60"。

步骤 5. 单击"查询工具 设计"选项卡"显示/隐藏"组的"汇总"按钮 **Σ**，显示总计行，如图 3 – 44 所示。

步骤 6."课程号"字段的总计行中选择"计数"、条件行中输入"＞=3"，"成绩"字段的总计行选择"where"，其他字段均为"Group By"，如图 3 – 45 所示。

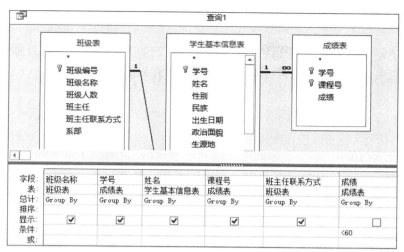

图 3 – 44 显示汇总行

提示 如果字段中设置的查询条件是用在汇总之前，则总计行中选择"where"。

步骤 7. 在"班级名称"字段的排序行选择"升序"，如图 3 – 45 所示。

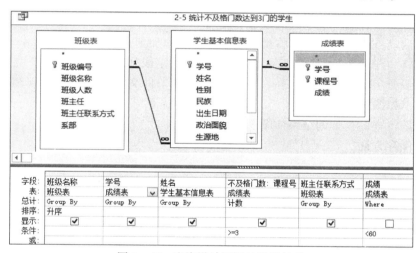

图 3 – 45 查询设计视图的设置效果

步骤 8. 运行查询，查看统计结果，如图 3 – 46 所示，

步骤 9. 保存查询。

班级名称	学号	姓名	不及格门数	班主任联系方式
交通运营管理1727	201721060655	张雪	4	13622034509
铁道信号1722	201722020921	王海	3	15925555652
铁道信号1722	201722020925	张丽	3	15925555652

图 3 – 46 查询结果

小 结

本任务中主要介绍了使用查询设计器创建选择查询的方法，在查询设计器中可以直接显示字段的值，也可以对字段的值进行汇总计算，并对查询结果进行排序。

上机实践

1. 查询所有学生的"体育"课成绩（按课程号查询），显示学号、姓名、成绩。

2. 查询担任高等数学课教学任务的所有教师名单，显示姓名、系部、职称和联系方式。

3. 查询张三（学号为"201721060605"）同学有没有不及格课程，显示课程号、课程名和成绩。

4. 查询班级平均分在 80 分以上的课程名称及任课教师。

5. 统计交通运营管理 1727 班的学生的总分和平均分，并按总分降序排序。

6. 统计各门课程的不及格人数。

拓展训练

任务 1　查询没有照片的学生的学号和姓名

步骤 1. 启动查询设计视图，将学生基本信息表添加到查询设计视图中。

步骤 2. 将"学号""姓名""照片"字段添加到字段列表中。

步骤 3. 设置字段查询条件。在"照片"字段的条件文本框中输入"Is Null"，并设置为"不显示"，如图 3 – 47 所示。

步骤 4. 运行查询，查询结果如图 3 – 48 所示。

步骤 5. 保存查询。

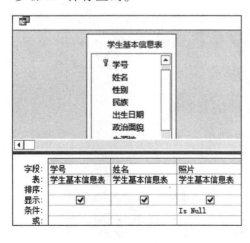

图 3 – 47　设计视图　　　　　　　　　　图 3 – 48　查询的结果

任务 2　统计建筑工程系所有副教授和教授的信息

步骤 1. 启动查询设计视图。

步骤2. 将教师基本信息表和系部表添加到查询设计视图中。

步骤3. 双击教师基本信息表中的"教工号""姓名""性别""入职时间""职称"和"联系电话"字段，将其添加到字段列表中，再将系部表的"系部名称"字段添加到字段列表中。

步骤4. 输入查询条件。在"系部名称"字段的条件文本框中输入"建筑工程系"，并且设置为"不显示"；在"职称"字段的条件文本框中输入："教授"or"副教授"，如图3-49所示。

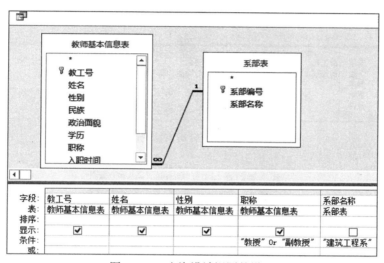

图3-49　查询设计视图的设置

步骤5. 保存查询。

步骤6. 运行查询，查看查询结果，如图3-50所示。

如果要设定的两个条件是"或"的关系，应将其中一个条件放在"条件"行上，而将另一个条件放在"或"行上，如图3-51所示。

图3-50　查询的运行结果

字段	教工号	姓名	性别	职称	系部名称
表	教师基本信息表	教师基本信息表	教师基本信息表	教师基本信息表	系部表
排序					
显示	☑	☑	☑	☑	☐
条件				"教授"	"建筑工程系"
或				"副教授"	"建筑工程系"

图3-51　查询条件为"或"的设置方法

任务3　统计工龄在30年及以上的教师

步骤1. 启动查询设计视图，添加教师基本信息表到查询设计视图中。

步骤2. 把"教师编号""姓名""性别""入职时间"字段添加到字段列表中。

步骤3. 输入查询条件。在字段列表中的"入职时间"字段中输入"工龄：（date（）-[入职时间]）\365"，并在条件文本框中输入" >=30"，如图3-52所示。

步骤4. 运行查询，结果如图3-53所示。

步骤5. 保存查询。

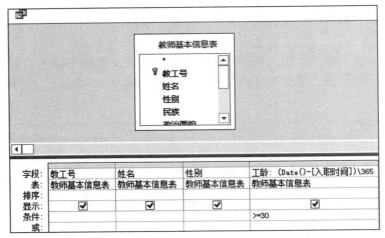

图3-52 查询设计视图

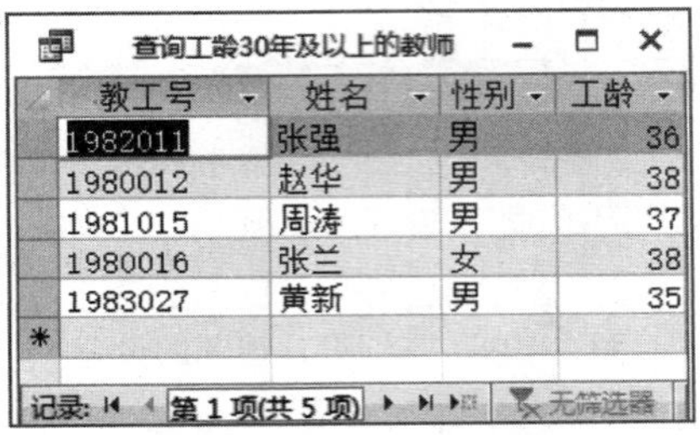

图3-53 查询运行结果

知识链接

查询设计视图分为上下两部分：上半部分称为"数据表区"，用来显示查询所需要的表或其他查询；下半部分称为"设计网格区"，其中每一列对应查询动态集中的一个字段，每一项对应字段的一个属性或要求。

1. 设计视图的基本操作

1）添加表或查询

（1）使用"显示表"对话框。

打开查询的设计视图，单击"查询工具" | "设计"选项卡的"查询设置"组中的"显示表"按钮，如图3-54所示，或者在"设计视图"的数据表区单击右键，从快捷菜单中选择"显示表"命令来打开"显示表"对话框。在"显示表"对话框中，单击要添加的对象，单击"添加"按钮。

图3-54 "查询设置"组

（2）在导航窗格中，把表或查询对象直接拖曳到设计视图的上部，也可以将表和查询添加到查询设计视图中。

2）删除表和查询

单击要删除的表或查询对象，按 Delete 键或单击鼠标右键选择"删除表"命令。

3）添加字段

在表或查询对象中，选定一个或多个字段，并将其拖动到查询设计视图的下部的字段列表中，或者双击要添加的字段。

4）删除字段

选定要删除的字段列，按 Delete 键。

5）在设计网格中移动字段

单击要移动的字段列，并按住鼠标左键，拖动到新的位置即可。

6）改变列宽

将鼠标指针移动到要更改列的右边框，当鼠标指针变为双向箭头时，按住鼠标左键拖动，即可改变列宽。也可以双击边框线，将列调整为最适合的宽度。

7）在查询的设计网格中使用星号

星号（＊）表示选定全部字段，查询结果中将自动包含该表或查询的所有字段。

星号（＊）字段不能设置查询条件和排序方式，如果查询中需要设置查询条件，则另外添加条件字段或排序字段。

8）将查询结果进行排序

每个字段的"排序"下拉列表中，可选择"升序"或"降序"。如果使用多个字段排序时，Access 首先排序最左边的字段，然后依次进行排序，所以运行查询之前要安排好排序字段的顺序。

9）保存查询

（1）单击鼠标右键标题栏，从快捷菜单中选择"保存"命令。

（2）单击标题栏左侧"快速访问工具栏"中的"保存"按钮。

（3）单击"查询设计视图"窗口的"关闭"按钮，弹出对话框询问"是否保存对查询的更改"，单击"是"按钮。

10）运行查询

（1）在"查询设计视图"中，单击"查询工具" | "设计"选项卡"结果"组中的"运行"按钮。

（2）如果查询已经保存并关闭，则双击已保存的查询对象同样可以显示查询的结果。

（3）在"数据表视图"中显示查询结果。打开"查询设计视图"，单击"查询工具" | "设计"选项卡"结果"组中的"视图"按钮，再从弹出列表中选择"数据表视图"即可。

2. 查询条件的设置

在设计视图中创建查询时，通常需要指定限制检索记录的条件表达式，它由常量、运算符、字段值和函数等组合而成。

1）运算符

Access 提供了算术运算符、关系运算符、逻辑运算符和特殊运算符。

（1）算术运算符和关系运算符见表 3 – 1。

表3-1　算术运算符和关系运算符

分类	运算符	说明
算术运算符	+、-、*、/	加、减、乘、除
	\	整除（取整数部分）
	mod	求余数
	^	乘方
关系运算符	>、<、>=、<=、=、<>	大于、小于、大于等于、小于等于、等于、不等于

关系表达式的运算结果为逻辑量。如果关系表达式成立，结果为 True，如果关系表达式不成立，结果为 False。

（2）连接运算符。

Access 的连接运算符为 "&"，用来连接两个文本型数据。例如，表达式 "Access" & "2010" 的结果为 "Access2010"。

（3）逻辑运算符见表3-2。

表3-2　逻辑运算符

运算符	形式	说　　明
Not	Not < 表达式1 >	逻辑非，当表达式为真时，整个表达式为假
And	< 表达式1 > And < 表达式2 >	逻辑与，当表达式1和表达式2均为真时，返回真，否则返回假
Or	< 表达式1 > Or < 表达式2 >	逻辑或，当表达式1或表达式2有一个为真时，结果为真，否则为假

（4）特殊运算符见表3-3。

表3-3　特殊运算符

运算符	说明
Between…And	介于……之间，用于指定一个字段值的范围
In	指定一个字段值的列表，即所有匹配值的集合
Like	字符串匹配运算符，与通配符配合使用
Is Null	判断一个字段的值是否为空
Is Not Null	判断一个字段的值是否为不空

2）常用函数

Access 提供了大量的内置函数，包括数值函数、字符处理函数、日期时间函数等。

（1）字符函数见表3-4。

表3-4　常用字符函数及其用途

函　　数	功　　能
Left（字符表达式，数据表达式）	返回从字符表达式左侧取长度为数据表达式值的子串
Right（字符表达式，数据表达式）	返回从字符表达式右侧取长度为数据表达式值的子串

续表

函　　数	功　　能
Mid（字符表达式，数据表达式1，数据表达式2）	返回由字符表达式1中第"数据表达式1"个字符开始，长度为"数据表达式2"个的字符串
Len（字符表达式）	返回字符表达式的字符个数
String（数据表达式，字符表达式）	返回由字符表达式的第一个字符重复组成的长度为数值表达的值的字符串
Space（数据表达式）	返回数据表达式组成的空字符串

（2）日期时间函数见表3-5。

表3-5　日期时间函数及功能

函　　数	功　　能
Year（日期）	返回日期参数的年份，返回值是1900～1999
Month（日期）	返回日期参数是一年中的哪一个月，返回值是1～12
Day（日期）	返回给定日期是一个月中的哪一天，返回值是1～31
Date（）	返回系统的当前日期
Now（）	返回系统的当前日期和时间
Hour（时间）	返回给定时间的时部分
Second（时间）	返回给定时间参数的秒钟
Minute（时间）	返回给定时间参数的分钟
Weekday（日期）	返回给定日期是一周的哪一天，返回值为1～7

3）条件表达式

建立查询时，正确地设置查询条件是非常重要的，下面以"教学管理"数据库为例，说明如何使用条件表达式来设置查询的条件，见表3-6。

表3-6　条件表达式的应用

字段名	条　　件	说　　明
成绩	＞＝90	查询成绩在90以上的记录
成绩	Between 80 And 90	查询成绩在80～90分的记录
	＞＝80and＜＝90	
职称	"教授" Or "副教授"	查询教授或副教授的记录
	In（"教授"，"副教授"）	
民族	＜＞"汉族"	查询少数民族的记录
	Not "汉族"	

续表

字段名	条　　件	说　　明
联系电话	Is Not Null	有联系电话的职工记录
出生日期	Is Null	查询没填出生日期的记录
姓名	Like"张＊"	查询姓张的人员的记录
	Left（［姓名］，1）＝"张"	
学号	Mid（［学号］，5，2）＝"15"	查询学号的第5、6个字符为15的记录
学号	Right（［学号］，4）＝"1001"	查询学号的后4位数是1001的记录
	Like "＊1001"	
入职时间	Year（［入职时间］）＞＝2012	查询2012年以后参加工作的员工记录
入职时间	year（date（））－year（［入职时间］）＞＝30	查询工龄在30年及以上的教师记录
	（date（）－［入职时间］）\ 365 ＞＝30	
入职时间	＞＝date（）－30	查询最近一个月入职的职工记录
	Between date（）And date（）－30	
出生日期	Year（［出生日期］）＝2000	查询2000年出生的学生记录

备注：

（1）条件表达式中的日期型的常量要用"#"符号括号起来，字符型常量用双引号括起来。

（2）条件表达式中的字段名要用方括号（［］）括起来。

（3）设计视图中，所有的符号必须是英文状态下的半角符号。

4）表达式生成器

条件表达式可以自行从键盘输入，也可以使用表达式生成器。当条件表达式比较复杂时，可以使用"表达式生成器"。下面以工龄的计算为例，介绍如何使用表达式生成器生成条件表达式。

判断工龄在30年及以上的条件表达式为：Year（Date（））－Year（［入职时间］）＞＝30，具体操作如下。

（1）打开设计视图，添加教师基本信息表。

（2）将"教师编号""姓名"和"性别"字段添加到字段列表中。

（3）打开"表达式生成器"对话框。在第4列（空白列）的字段行中单击鼠标右键，从弹出的快捷菜单中选择"生成器"命令。

（4）在"表达式生成器"对话框中，依次选择"内置函数""日期/时间"，双击Year函数，如图3-55所示。

（5）单击Year函数中的number参数，再选择Date函数，如图3-56所示。

（6）将光标放在Year函数的右侧，输入运算符"－（减）"，再选择Year函数，如图3-57所示。

（7）选择Year函数中的number参数，在第一个列表框中选择"教师基本信息表"，此时第二个列表框中显示教师基本信息表中的所有字段，双击"入职时间"字段，如图3-58所示，用户也可以从键盘直接输入"［入职时间］"。

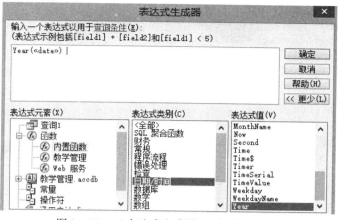

图 3 – 55　"表达式生成器"对话框（一）

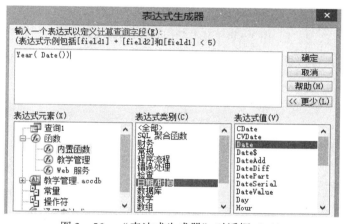

图 3 – 56　"表达式生成器"对话框（二）

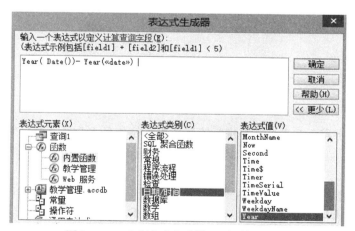

图 3 – 57　"表达式生成器"对话框（三）

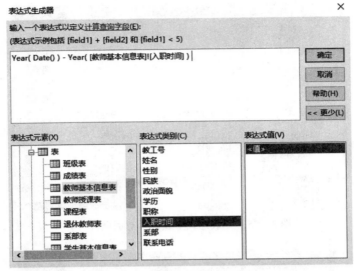

图 3 – 58　表达式生成器对话框（四）

（8）在"表达式生成器"对话框中，单击"确定"按钮，回到查询设计视图中，如图 3 – 59 所示。

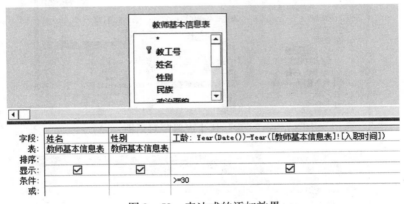

图 3 – 59　表达式的添加效果

3. 查询的计算

数据库中，常常需要对查询结果进行统计分析，例如各系学生人数、每门课程的平均分、学生的平均成绩等，为了获取这样的统计数据，需要创建能够进行统计计算的汇总查询。

1）总计计算

总计计算是系统提供的，用于对查询中的记录组或全部记录进行统计计算，包括总计、平均值、计数、最大值、最小值、标准偏差和方差等。在设计视图中，单击"查询工具" ｜"设计"选项卡"显示/隐藏"组中的"总计"按钮 Σ，会在设计网格中显示"汇总"行。对设计视图中的每个字段，都可在"总计"行中选择一种所需的汇总选项。

总计行中共有 12 个选项，其名称及含义见表 3 – 7。

表 3－7　总计选项及含义

总计选项		功能
函数	总计 Sum	返回字段值的总和
	平均值 Avg	返回字段值的平均值
	计数 Count	返回字段的每组的记录个数
	最大值 Max	返回字段值的最大值
	最小值 Min	返回字段值的最小值
	标准差 StDev	求某字段值的标准偏差
	方差 Var	求某字段值的方差
其他选项	分组（Group By）	指定作为分组依据的字段
	第一条记录（First）	求在查询结果中第一条记录的字段值
	最后一条记录（Last）	求在查询结果中最后一条记录的字段值
	表达式（Expression）	创建表达式来计算字段的一组数据
	条件（Where）	指定一个条件来限定该字段的分组

2）自定义计算

自定义计算可以用一个或多个字段的值进行数值、日期和文本计算。例如，使用“入职时间”计算出工龄。对于自定义计算，必须直接在设计视图中创建新的计算字段，创建方法是将表达式输入到设计视图的空字段行中，表达式可以由多个计算组成。

任务3　使用交叉表汇总教学信息

任务描述

1. 以交叉表显示信号 1722 班所有学生各门课程的成绩，如图 3－60 所示。

3-1 1722班学生成绩

学号	姓名	大学英语	大学语文	高等数学	计算机基础	信号基础	政治
201722020920	郭晓坤	80	80	86	80	80	80
201722020921	王海	54	87	70	59	60	48
201722020922	刘红	86	79	76	75	84	80
201722020923	智芳芳	87	85	90	83	85	86
201722020924	刘燕	92	90	92	95	89	93
201722020925	张丽	56	76	54	86	79	50

图 3－60　信号 1722 班学生成绩交叉表

2. 计算所有课程的班级平均分，如图 3－61 所示。

班级名称	001	002	003	004	007	008	010
交通运营管理1726	61	72	88.8	85.8	68	82.4	
交通运营管理1727	73.17	78	78.17	81.17	80	84.17	
铁道信号1722	78	82.83	72.83	75.83	79.67		79.5

图 3－61　课程的班级平均分

3. 统计各班各门课程的不及格人数，并以交叉表显示，如图 3-62 所示。

班级名称	大学英语	大学语文	高等数学	计算机基础	政治
交通运营管理1726		2	1	2	
交通运营管理1727		1	2	1	1
铁道信号1722	2		1	1	2

图 3-62　查询结果

任务分析

使用查询向导创建交叉表查询时，需要先将所需要的数据放在一个表或查询里，然后才能创建交叉表查询，这样有时有些麻烦。使用查询设计视图来创建交叉表查询，可以从多个表中查询数据。

任务实施

任务 3-1　以交叉表的形式显示信号 1722 班所有学生各门课程的成绩

从如图 3-60 所示查询结果中，可以判断该查询需要学生基本信息表、课程表、成绩表和班级表。学号和姓名为行标题，课程名为列标题，行列交叉处显示成绩。

步骤 1. 启动查询设计视图。

步骤 2. 添加学生基本信息表、课程表、成绩表和班级表，将"学号""姓名""课程名""成绩"和"班级名称"字段添加到字段列表中。

步骤 3. 选择交叉表查询。单击"查询工具 设计"选项卡中的"查询类型"组中的"交叉表"按钮，如图 3-63 所示，此时设计视图中会显示"总计"和"交叉表"行。

步骤 4. 在交叉表行中指定交叉表的行、列标题和值。

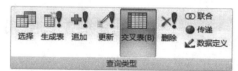

图 3-63　查询类型组

在"学号""姓名"字段的交叉表行中选择"行标题"，课程名称选择"列标题"，成绩选择"值"。行标题和列标题的总计行设置为"Group By"，值字段设置为"First"，如图3-64所示。

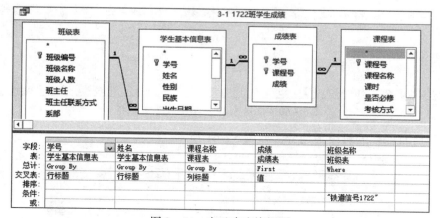

图 3-64　交叉表查询视图

步骤5. 在"班级名称"字段的条件文本框中输入"铁道信号1722"，总计行选择"where"，如图3－64所示。

步骤6. 运行查询。

步骤7. 保存查询。

任务3－2 计算所有课程的班级平均分

步骤1. 启动查询设计视图，添加班级表、学生基本信息表和成绩表。

思考：为什么添加学生基本信息表？

步骤2. 将"班级名称""课程号"和"成绩"字段添加到字段列表中。

步骤3. 单击"查询类型"选项组中的"交叉表"按钮。

步骤4. 将"班级名称"字段设置为行标题，"课程号"字段设置为列标题，"成绩"字段设置为"值"，行列标题的总计选择"Group By"，值字段的总计为"平均值"，如图3－65所示。

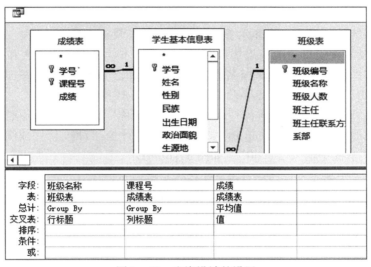

图3－65 查询设计的设置

步骤5. 运行查询。查询结果如图3－66所示。

班级名称	001	002	003	004
交通运营管理1726	61	72	88.8	85.8
交通运营管理1727	73.1666666666667	78	78.1666666666667	81.1666666666667
铁道信号1722	78	82.8333333333333	72.8333333333333	75.8333333333333

图3－66 查询结果

步骤6. 设置课程平均成绩的小数位数。本任务中平均成绩保留两位小数。在字段行中，将"成绩"替换为"Round（Avg（[成绩]），2）"，汇总行中选择"Expression"，如图3－67所示。其中，"Round（）"是四舍五入函数，其中"Avg（[成绩]）"为四舍五入的项，"2"为保留的小数位数，"Avg（）"为求平均值的函数，见表3－7。

步骤7. 保存查询。

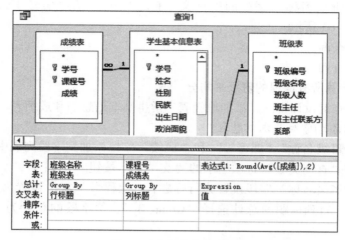

图 3 - 67　小数位的设置

任务 3 - 3　统计并以交叉表显示各班每门课程的不及格人数

步骤 1. 启动查询设计视图，添加班级表、学生基本信息表、课程表和成绩表。

步骤 2. 将"班级名称""课程名称""学号"和"成绩"字段添加到字段列表中。

步骤 3. 单击"查询类型"选项组中的"交叉表"按钮。

步骤 4. 将"班级名称"设置为行标题，"课程名称"设置为列标题，"学号"设置为"值"，行列标题的总计选择"Group By"，值字段的总计为"计数"，"成绩"字段的总计为"where"，条件文本框中输入"<60"，如图 3 - 68 所示。

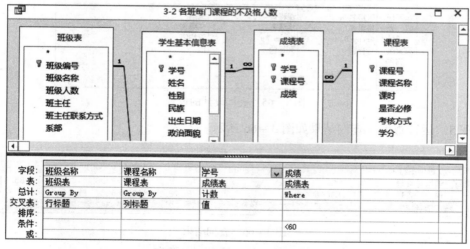

图 3 - 68　查询设计视图的设置

步骤 5. 运行查询。

步骤 6. 保存查询。

小　结

　　如果查询的数据来源于一个表或查询，使用交叉表查询向导比较简单。但是如果交叉表查询的数据来源于多个表、查询，并且行标题或列标题需要通过建立新字段得到，那么使用设计视图更为方便。

上机实践

1. 统计并显示各系部职工的职称分布情况，效果如图 3-69 所示。

系部名称	副教授	讲师	教授	教员	助教
机车车辆系	1	3			1
机械工程系		1	2		2
建筑工程系	1	2	1		
交通运输系	2	2			
铁道工程系	2	2			1
通信信号系	2	2		1	

图 3-69　各系部职工的职称分布情况

2. 统计各班男女生人数，并以交叉表显示，如图 3-70 所示。

班级名称	男	女
交通运营管理1726	4	1
交通运营管理1727	4	2
铁道信号1722	2	4

图 3-70　班级男女生人数

3. 统计每个班学生的总分，如图 3-71 所示。

学号	姓名	交通运营管理1726	交通运营管理1727	铁道信号1722
201721060601	张军	493		
201721060602	李勇	424		
201721060603	王琨	415		
201721060604	刘琦	519		
201721060605	张三	439		
201721060651	刘洋		473	
201721060652	黄磊		507	
201721060653	包晓军		474	
201721060654	王杰		527	
201721060655	张雪		369	
201721060656	张波		498	
201722020920	郭晓坤			486
201722020921	王海			378
201722020922	刘红			480
201722020923	智芳芳			516
201722020924	刘燕			551
201722020925	张丽			401

图 3-71　学生总分交叉表

任务4 使用参数查询查询学生成绩

任务描述

1. 按学号查询学生的各门课程的成绩，显示课程号、课程名和成绩。
2. 查询某个班级某一门课程的成绩。
3. 按姓氏从学生基本信息表查询学生的基本信息，并按姓名的升序排序。

任务分析

选择查询和交叉表查询，不论查询条件是简单还是复杂，运行过程中查询条件都是固定不变的，如果需要改变查询条件，就要对查询进行重新设计，很不方便。在这种情况下使用参数查询更为灵活，参数查询的查询条件是动态的，运行查询时由用户输入查询的参数值。

任务实施

任务4-1 按学号查询学生的各门课程的成绩

步骤1. 打开查询设计视图，添加课程表和成绩表。

步骤2. 把"学号""课程号""课程名称"和"成绩"字段添加到字段列表中。

步骤3. 在"学号"字段下方的"条件"文本框中输入"［请输入学号:]"，如图3-72所示。

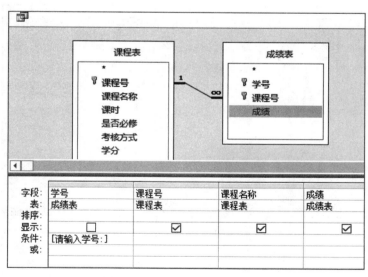

图3-72 查询设计视图的设置

步骤4. 单击"运行"按钮，弹出"输入参数值"对话框，如图3-73所示。

步骤5. 在对话框中输入要查找的学生的学号，例如"201721060601"，然后单击"确定"按钮，即可进行查询并显示查询结果，如图3-74所示。

步骤6. 保存查询。

课程号	课程名称	成绩
001	高等数学	72
002	大学语文	80
003	政治	87
007	计算机基础	80
004	大学英语	90
008	铁道概论	84

图 3 – 73　参数输入对话框　　　　　图 3 – 74　查询运行结果

任务 4 – 2　查询某个班级某一门课程的学生成绩，用班级名称和课程号查询。

步骤1. 打开查询设计视图，添加学生基本信息表、成绩表和班级表。

步骤2. 把"班级名称""学号""姓名""课程号"和"成绩"字段添加到字段列表中。

步骤3. 在"班级名称"字段下方的"条件"文本框中输入"［请输入班级名称:]"，取消"显示"复选框，在"课程号"字段的条件文本框中输入"［请输入课程号:]"，如图3 – 75所示，也可以选择不显示班级名称和课程号字段。

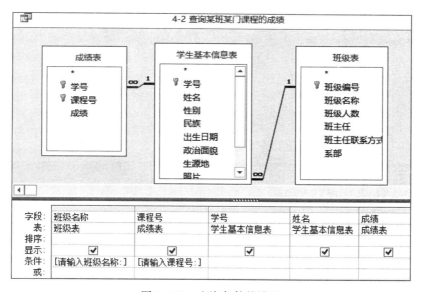

图 3 – 75　查询条件的设置

步骤4. 单击"运行"按钮，依次弹出输入班级名称和课程号的"输入参数值"对话框，如图3 – 76所示。

图 3 – 76　查询参数输入对话框

步骤5. 单击"确定"按钮,即可显示查询结果,如图3-77所示。

班级名称	课程号	学号	姓名	成绩
铁道信号1722	003	201722020920	郭晓坤	80
铁道信号1722	003	201722020921	王海	48
铁道信号1722	003	201722020922	刘红	80
铁道信号1722	003	201722020923	智芳芳	86
铁道信号1722	003	201722020924	刘燕	93
铁道信号1722	003	201722020925	张丽	50

图3-77　查询结果

任务4-3　按姓氏从学生基本信息表查询学生的基本信息,并按姓名的升序排序

步骤1. 打开查询设计视图,添加学生基本信息表。

步骤2. 把"*"和"姓名"字段添加到字段列表中。

步骤3. 在"姓名"字段下方的"条件"文本框中输入"Like［请输入姓氏:］& "*"",排序下拉列表框中选择"升序",选择不显示,如图3-78所示。

步骤4. 单击"运行"按钮,弹出"输入参数值"对话框,如图3-79所示。

步骤5. 在对话框中输入要查找的学生的姓氏"张",然后单击"确定"按钮,即可显示查询结果,如图3-80所示。

图3-78　查询设计视图　　　　图3-79　输入参数值的对话框

步骤6. 保存查询。

思考:请思考并实现如何使用字符串函数来判断姓氏。

学号	姓名	性别	民族	出生日期	政治面貌	照片	班级编号	生源地	联系电话
201721060656	张波	男	汉	1988/4/18	团员		jtyy1727	内蒙古呼和浩特	13429609060
201721060601	张军	男	汉	1994/5/4	团员		jtyy1726	辽宁沈阳	13821656369
201722020925	张丽	女	汉	1996/8/12	团员	Package	tdxh1722	内蒙古呼和浩特	13019065360
201721060605	张三	男	满	1991/12/20	团员		jtyy1726	黑龙江	13921656399
201721060655	张雪	女	汉	1993/2/10	团员	Package	jtyy1727	内蒙古包头	13847241435

图3-80　查询的运行结果

小 结

参数查询的设计操作与选择查询基本相同，只是在"条件"行输入的不是具体条件表达式，而是用方括号，方括号中输入查询的提示文本，查询运行时再输入具体的条件。

上机实践

1. 统计某个课程的不及格学生名单（按课程号查询），显示学号、姓名、成绩和班级。
2. 查询班级平均分在某个分数段的课程信息，显示班级名称、课程名称、平均分和任课教师。
3. 查询某个教师（按教工号查询）的任课班级和课程，并按课程号的升序排序。
4. 按班级名称模糊查询该班级的基本信息。

提示：按班级名称模糊查询是指查询时可以输入班级全称或其中一部分，只要班级名称中包含查询内容即可查询出相关的记录。

任务5 使用操作查询编辑教学信息

任务描述

1. 利用生成表查询创建交通运营管理 1727 班的学生花名册。
2. 把所有选修课的课时增加 10 课时。
3. 删除某个课程的所有学生成绩，按课程号查找课程。
4. 删除学号为"201122020920"的学生的基本信息和所有课程成绩。
5. 将学生基本信息表中某个指定学号的学生信息添加到退学学生基本信息表中。

任务分析

操作查询包括生成表查询、追加查询、更新查询和删除查询，可以在数据库中完成追加记录、更新数据、删除记录等操作，还可以将检索结果作为一个新表添加到数据库中。

任务实施

任务5－1 利用生成表查询创建交通运营管理 1727 班的学生花名册

从学生基本信息表查询出交通运营管理 1727 班的学生记录，并将查询结果保存为一个新表。

步骤1. 启动查询的设计视图，添加学生基本信息表。

步骤2. 将"学号""姓名""性别""联系电话"和"班级编号"字段添加到字段列表中，在"班级编号"字段的条件中输入"jtyy1727"，取消"班级编号"字段的显示属性，如图 3－81 所示。

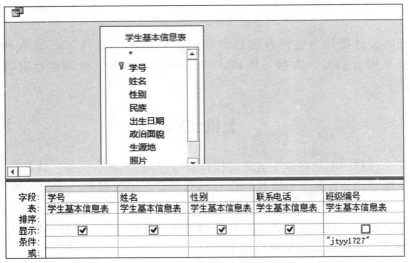

图 3 – 81　查询设计视图

步骤3. 单击"查询类型"选项组中的"生成表"按钮，弹出"生成表"对话框，输入生成的新表的表名称，如图3－82所示，然后单击"确定"按钮。

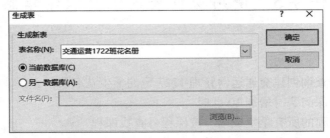

图 3 – 82　"生成表"对话框

步骤4. 运行查询，弹出数据粘贴提示对话框，如图3－83所示，单击"是"按钮，即可在当前数据库中创建一个新表"交通运营1727班花名册"。

图 3 – 83　查询运行提示对话框

思考：如果创建查询时不指定班级，而是运行查询时再指定生成花名册的班级，该如何实现？

任务5－2　把所有选修课的课时增加10课时

步骤1. 启动查询设计视图，添加课程表。

步骤2. 选择"更新查询"。单击"查询工具 设计"选项卡"查询类型"组的"更新"按钮。

步骤3. 在字段列表中，添加"是否必修"和"课时"两个字段；在"是否必修"字段的条件文本框中输入"No",在"课时"字段的"更新到"文本框中输入"[课时] +10",如图3-84所示。

步骤4.运行该查询。单击"运行"按钮,弹出提示框,单击"是"按钮,确认数据的更新操作。

任务5-3 删除某个课程的所有学生成绩,按课程号查找课程。

步骤1.打开查询设计视图,添加成绩表。

步骤2.选择查询类型为"删除查询"。单击"查询工具-设计"选项卡"查询类型"组中的"删除"按钮。

步骤3.选择"*"和"课程号"字段到字段列表中,在"课程号"字段的条件文本框中输入"[请输入课程号]",如图3-85所示。

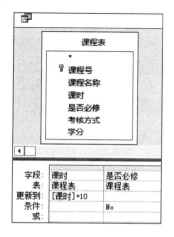

图3-84 更新 查询的设置

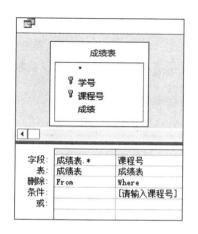

图3-85 删除查询的设置

步骤4.运行查询,此时弹出如图3-86所示的输入参数值的对话框,输入想删除的课程号,单击"确定"按钮。

步骤5.弹出如图3-87所示的删除提示对话框,询问是否进行删除操作,选择"是"按钮,将进行删除操作,选择"否"按钮,取消本次操作。

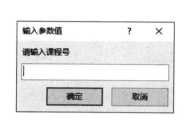

图3-86 输入参数值

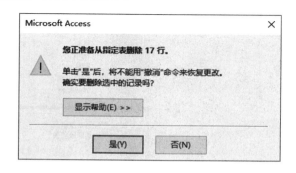

图3-87 删除确认对话框

任务5-4 删除学号为"201721060601"的学生的基本信息和所有课程成绩

步骤1.在学生基本信息表和成绩表之间建立关系,并设置参照完整性,选择"级联删除相关记录",如图3-88所示。

步骤2. 打开查询设计视图,添加学生基本信息表。

步骤3. 选择查询类型为"删除查询"。

步骤4. 将"＊"和"学号"字段添加到字段列表中。

步骤5. 在"学号"字段的条件文本框中输入"201721060601",如图3-89所示。

步骤6. 运行查询。

图3-88　创建表关系　　　　　　　图3-89　删除查询的设计视图

任务5-5　将学生基本信息表中某个学生的信息追加到退学学生信息表。

提示　退学学生信息表和学生基本信息表的表结构相同。

步骤1. 打开查询设计视图,添加学生基本信息表。

步骤2. 将学生基本信息表中的"＊"和"学号"字段添加到设计网络中。

步骤3. 在"学号"字段的条件行输入"［请输入学号:］",如图3-90所示。

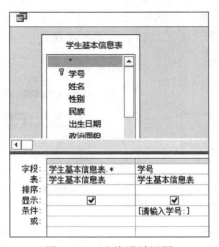

图3-90　查询设计视图

步骤4. 在"查询类型"组中选择"追加查询",打开"追加"对话框。在对话框中选择"当前数据库"单选按钮，并在表名称中选择目标数据表"退学学生基本信息表"，如图3 - 91所示。单击"确定"按钮，此时在设计视图中，添加了一行"追加到"，如图3 - 92所示。

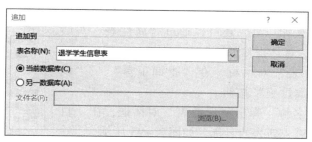

图3 - 91　追加对话框

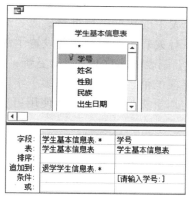

图3 - 92　追加查询的设计视图

步骤5. 运行查询。单击"运行"按钮后会弹出如图3 - 93所示"输入参数值"对话框，输入指定的学号后单击"确定"按钮。如果学生基本信息表中有该学生，会弹出追加记录确认的对话框，如图3 - 94所示，单击"是"按钮，即可将该学生信息添加到退学学生基本信息表中。

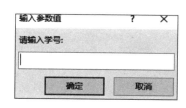

图3 - 93　参数输入对话框

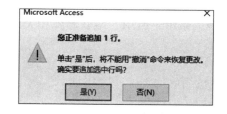

图3 - 94　追加记录确认对话框

小　结

操作查询包括生成表查询、更新查询、删除查询和追加查询4种类型。

1. 生成表查询

在生成表查询中创建的表不仅可以放在当前数据库中，还可以将新表放入其他数据库中，如果要将新表生成的表放入其他数据库，只需在"生成表"对话框中选择"另一数据库"选项，然后在"文本框"中输入另一个数据库的位置和文件名，即可将新表放入指定的数据库中。

如果用户需要重新更改新生成表的名称，除了在设计视图中单击"生成表"按钮以外，还可以通过"属性表"对话框更改生成表的名称，具体操作如下。

（1）打开"属性表"对话框。在"查询工具"｜"设计"选项卡中单击"属性表"按钮。

（2）更改目标表名称。弹出"属性表"对话框，在"目标表"文本框中可以输入新表的名称，如图 3 - 95 所示。

属性表	
所选内容的类型: 查询属性	
常规	
说明	
输出所有字段	否
上限值	All
唯一值	否
唯一的记录	否
源数据库	(当前)
源连接字符串	
目标表	交通运营1722班化名册
目标数据库	(当前)
目标连接字符串	
使用事务处理	是
记录锁定	已编辑的记录

图 3 - 95 属性表

2. 更新查询

更新查询就是对一个或多个表中的数据进行批量更改。运行更新查询的结果是自动修改了有关表中的数据。若设置了级联更新，则更新主表数据的同时，副表中的数据会自动更新。数据一旦更新，不能恢复。

Access 除了可以更新一个字段的值，还可以更新多个字段的值，只要在查询设计网格中指定要修改字段的内容即可，但以下类型的字段不能使用更新查询进行更新。

（1）通过计算获得结果的字段。

（2）"自动编号"字段。自动编号字段的值仅在添加新记录时自动更改。

（3）联合查询中的字段。

（4）创建表关系的主键，除非将关系设置为自动级联更新。

3. 删除查询

随着时间的推移，表中数据会越来越多，其中有些数据有用，而有些数据已无任何用途，这些数据应及时从表中删除。删除查询能够从一个或多个表中删除记录。如果要删除多个表中的记录，必须满足以下几点。

（1）在关系窗口中，建立相关表之间的关系。

（2）表关系中，启用"级联删除相关记录"功能。

> **小提示** 删除查询将永久删除指定表的记录，并且无法恢复。因此，在运行删除查询时要十分慎重，最好对要删除记录的所有的表进行备份，以防由于误操作而引起数据丢失。删除查询每次删除整个记录，而不是指定字段中的数据。如果只删除指定字段的数据，可以使用更新查询将该值改为空值。

4. 追加查询

追加查询能够将一个或多个表的数据追加到另一个表的尾部，但是当两个表之间的字段定义不相同时，追加查询只添加相互匹配的字段内容，不匹配的字段将被忽略。

无论哪一种操作查询，都可以修改表中的许多记录，并且操作查询完成后，不能撤销。因此，为了防止误操作，可以在执行操作查询时先预览即将更改的记录（单击"查询工具"｜

"设计"的"结果"组中的"视图"按钮），准确无误后再执行查询；另外，也可以提前备份数据。

任务6　使用 SQL 查询完成教学信息的管理

任务描述

1. 查询学号为"201721060601"的学生的家长信息。

2. 在教师基本信息表中查询有高级职称（副教授、教授）的教师，显示教工号、姓名、性别、入职时间、职称和系部名称字段。

3. 查询学号为"201221060602"的学生所有课程的成绩，显示课程号、课程名称和成绩字段，并将查询结果按成绩降序排序。

4. 查询 002 课程不及格的学生信息，显示学号、姓名和班级名称字段。

5. 查询平均分在 80 分以上的课程，结果中显示课程号、课程名称和平均分字段，按课程号升序排序。

6. 统计平均分最高的 5 名学生，显示学号、姓名和班级字段。

7. 查询学生党员和教师党员的信息，显示学号、教工号、姓名、性别、民族字段。

8. 在"教学管理"数据库中，创建一个"退休教师表"，表结构与教师基本信息表相同。

9. 在"退休教师表"中添加内容为退休日期的"退休时间"字段。

10. 将办理退休的教师添加到退休教师表中。

11. 在课程表中添加一门选修课（课程号：016，课名：计算机组装维修，课时：40，考核方式：考查，学分：1）。

12. 由教师张强（教工号 1982011）接替教师刘燕的（教工号 1989006）的授课任务。

13. 删除课程表中课程号为"011"的课程。

任务分析

在 Access 中，创建和修改查询最方便的方法是使用"查询设计视图"。但是，并不是所有的查询都可以在系统提供的查询设计视图中进行，有的查询只能通过 SQL 语句来实现。SQL 的全称是"Structured Query Language"（结构化查询语言），是一种数据库共享语言，可用于定义、查询、更新和管理关系型数据库系统。

任务实施

任务 6-1　查询学号为"201721060601"的学生的家长信息

步骤 1. 启动查询设计视图窗口，关闭"显示表"对话框。

步骤 2. 切换到 SQL 视图。在"查询工具 设计"选项卡中单击"视图"按钮，在弹出的下拉列表中选择"SQL 视图"选项，如图 3-96 所示。

步骤 3. 输入查询语句。在 SQL 视图窗口中输入查询语句，如图 3-97 所示。如果查询结果中显示所有的字段，不用一一写出字段名，可以使用“ * ”表示全部字段。

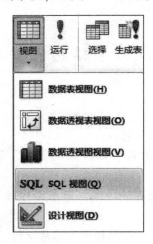

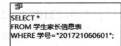

图 3－96 “查询工具 设计”选项卡

```sql
SELECT *
FROM 学生家长信息表
WHERE 学号="201721060601";
```

图 3－97 SQL 视图窗口

步骤 4. 运行查询。在“查询工具 设计”选项卡中单击“运行”按钮，显示查询结果，如图 3－98 所示。

查询1

学号	家长姓名	联系方式	家庭住址
201721060601	张三宝	13848983489	辽宁省沈阳市

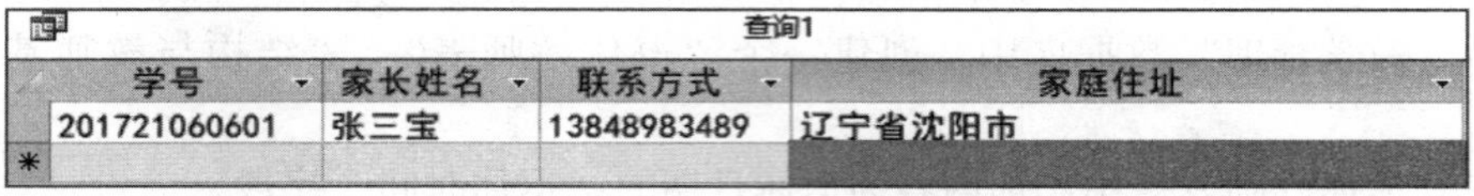

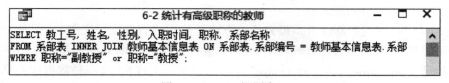

图 3－98 SQL 查询的运行结果

任务 6－2 在教师基本信息表中查询有高级职称（副教授、教授）的教师，显示教工号、姓名、性别、入职时间、职称和系部名称字段。

步骤 1. 启动查询设计视图窗口，关闭“显示表”对话框。

步骤 2. 切换到 SQL 视图。在“查询工具 设计”选项卡中单击“视图”按钮，在弹出的下拉列表中选择“SQL 视图”选项。

步骤 3. 在 SQL 视图窗口中输入 SQL 查询语句，如图 3－99 所示。

6-2 统计有高级职称的教师

```sql
SELECT 教工号, 姓名, 性别, 入职时间, 职称, 系部名称
FROM 系部表 INNER JOIN 教师基本信息表 ON 系部表.系部编号 = 教师基本信息表.系部
WHERE 职称="副教授" or 职称="教授";
```

图 3－99 SQL 视图窗口

步骤 4. 单击“运行”按钮，查询结果如图 3－100 所示。

思考：请用 IN 运算符设置 WHERE 子句中的查询条件表达式。

任务 6－3 查询学号为“201721060602”的学生的所有课程的成绩，显示课程号、课程名和成绩字段，并将查询结果按成绩降序排序。

步骤 1. 启动查询设计视图窗口，切换到 SQL 视图。

步骤 2. 在 SQL 视图窗口中输入 SQL 查询语句，如图 3－101 所示。

图 3 - 100　SQL 查询的运行结果

```
SELECT 成绩表.课程号, 课程名称, 成绩
FROM 课程表 INNER JOIN 成绩表 ON 课程表.课程号 = 成绩表.课程号
WHERE 学号="201721060602"
ORDER BY 成绩 DESC;
```

图 3 - 101　SQL 视图窗口

步骤 3. 单击"运行"按钮，查询结果如图 3 - 102 所示。

在 SQL 命令中，不同表的同名字段前要添加表名以示区别。例如，在"成绩表"和"课程表"中都有"课程号"字段，引用时需要指定表名。

任务 6 - 4　查询 002 课程的不及格学生信息，显示学号、姓名和班级名称字段，按班级名称升序排序。

步骤 1. 打开 SQL 视图窗口，输入 SELECT 语句，如图 3 - 103 所示

步骤 2. SQL 查询的运行结果如图 3 - 104 所示。

课程号	课程名称	成绩
008	铁道概论	92
003	政治	86
004	大学英语	80
001	高等数学	60
002	大学语文	56
007	计算机基础	50

图 3 - 102　查询结果

```
6-4 002课程不及格名单
SELECT 成绩表.学号, 姓名, 班级名称
FROM 班级表 INNER JOIN (学生基本信息表 INNER JOIN 成绩表 ON 学生基本信息表.学号 = 成绩表.学号)
    ON 班级表.班级编号 = 学生基本信息表.班级编号
WHERE 课程号="002" and 成绩<60
ORDER BY 班级名称;
```

图 3 - 103　SQL 视图窗口

学号	姓名	班级名称
201721060602	李勇	交通运营管理1726
201721060605	张三	交通运营管理1726
201721060655	张雪	交通运营管理1727

图 3 - 104　查询结果

任务 6 - 5　查询平均分在 80 分以上的课程，结果中显示课程名称字段，并按课程号升序排序。

打开 SQL 视图窗口，输入下面的 SELECT 语句，SQL 查询的运行结果如图 3 - 105 所示。

```
SELECT 成绩表.课程号,课程名称,AVG(成绩) AS 平均成绩
FROM 成绩表 INNER JOIN 课程表 ON 成绩表.课程号＝课程表.课程号
GROUP BY 成绩表.课程号,课程名称
HAVING AVG(成绩) > =80
ORDER BY 成绩表.课程号 ASC;
```

"AVG（成绩）AS 平均成绩"的作用是为平均成绩列设置列标题名称，可以代替原有的列名称。

任务6-6 统计平均分最高的五5名学生，显示学号、姓名、平均分字段。

打开 SQL 视图窗口，输入下面的 SELECT 语句，SQL 查询的运行结果如图 3－106 所示。

课程号	课程名称	平均成绩
004	大学英语	80.6470588235294
008	铁道概论	83.3636363636364

图 3 - 105 查询结果

学号	姓名	平均分
201722020924	刘燕	91.8333333333333
201721060654	王杰	87.8333333333333
201721060604	刘琦	86.5
201722020923	智芳芳	86
201721060652	黄磊	84.5

图 3 - 106 查询结果

```
SELECT TOP 5 成绩表.学号,姓名,AVG(成绩)AS 平均分
FROM 学生基本信息表 INNER JOIN 成绩表 ON 学生基本信息表.学号 = 成绩表.学号
GROUP BY 成绩表.学号,姓名
ORDER BY AVG(成绩) DESC;
```

TOP 谓词用于输出排列在前面的若干条记录，如果要显示某个字段的最大或最小值，必须以该字段对查询结果进行排序。ORDER BY 子句将查询结果按某个字段或某几个字段的值排序输出，排序的方式有升序和降序两种。

思考：如果查询结果中显示班级名称字段，应该如何修改以上 SELECT 语句？

任务6-7 查询学生党员和教师党员的信息，显示学号、教工号、姓名、性别、民族字段。

步骤 1. 启动查询设计视图窗口，关闭"显示表"对话框。

步骤 2. 启动联合查询功能。单击"查询工具 设计"选项卡中"查询类型"组的"联合"按钮。

步骤 3. 在 SQL 视图窗口中输入 SQL 语句，如图 3－107 所示。

步骤 4. 运行 SQL 视图，查询结果如图 3－108 所示。

当两个 SELECT 语句的查询字段名不相同时，查询结果中显示第一个 SELECT 语句中的字段名，因此，图 3－108 所示的查询结果的第一列标题显示为"学号"。为了使查询结果清晰，将第一列的标题显示为"学号或教工号"，那么对第一个 SELECT 语句进行修改，如图 3－109所示，修改后的查询结果如图 3－110 所示。

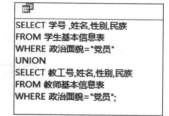

```
SELECT 学号,姓名,性别,民族
FROM 学生基本信息表
WHERE 政治面貌="党员"
UNION
SELECT 教工号,姓名,性别,民族
FROM 教师基本信息表
WHERE 政治面貌="党员";
```

图 3 - 107 联合查询的 SQL 视图

学号 ▾	姓名 ▾	性别 ▾	民族 ▾
1980012	赵华	男	汉
1982011	张强	男	回
1990001	范华	男	蒙
2001018	贾晓燕	女	汉
2001020	郭美丽	女	汉
2001025	郝天	男	满
2002014	周洁	女	汉
2005004	李冰	男	蒙
2006007	王磊	男	回
2006008	王晓乐	男	汉
2009009	杨静	女	汉
201721060652	黄磊	男	汉
201722020922	刘红	女	满
201722020924	刘燕	女	蒙

图 3-108　联合查询的运行结果

学号或教工号 ▾	姓名 ▾	性别 ▾	民族 ▾
1980012	赵华	男	汉
1982011	张强	男	回
1990001	范华	男	蒙
2001018	贾晓燕	女	汉
2001020	郭美丽	女	汉
2001025	郝天	男	满
2002014	周洁	女	汉
2005004	李冰	男	蒙
2006007	王磊	男	回
2006008	王晓乐	男	汉
2009009	杨静	女	汉
201721060652	黄磊	男	汉
201722020922	刘红	女	满
201722020924	刘燕	女	蒙

```
SELECT 学号 AS 学号或教工号,姓名,性别,民族
FROM 学生基本信息表
WHERE 政治面貌="党员"
UNION
SELECT 教工号,姓名,性别,民族
FROM 教师基本信息表
WHERE 政治面貌="党员";
```

图 3-109　SQL 视图　　　　　　　　　　　图 3-110　联合查询的运行结果

任务 6-8　在 "教学管理" 数据库中, 创建一个 "退休教师表"。

要求: 退休教师表的表结构与教师基本信息表相同。

步骤 1. 在 SQL 视图窗口中输入下面的 SQL 语句:

```
CREATE TABLE 退休教师表(
                教工号 CHAR(7) NOT NULL,
                姓名 CHAR(16) NOT NULL,
                性别 CHAR(2),
                民族 CHAR(14),
                政治面貌 CHAR(12),
                学历 CHAR(14),
                职称 CHAR(14),
                入职时间 DATE,
                系部 CHAR(2),
                联系电话 CHAR(11));
```

步骤2. 运行 SQL 视图之后，在数据库中自动生成表名为"退休教师表"的空表。

任务6-9 在"退休教师表"中，添加内容为退休日期的"退休时间"字段。

在 SQL 视图窗口中输入下面的 SQL 语句，运行之后即可添加"退休时间"字段。

```
ALTER TABLE 退休教师表 ADD 退休时间 DATE
```

任务6-10 从教师基本信息表中将某个办理退休的教师信息添加到退休教师表中。

本任务中，首先从教师基本信息表中查询某个退休的教师，再将查询结果追加到退休教师表中。

步骤1. 在 SQL 视图窗口中输入以下 SQL 语句。

```
INSERT INTO 退休教师表
SELECT * FROM 教师基本信息表 WHERE 教工号=[输入教工号:]
```

步骤2. 运行查询，在如图3-111所示的对话框中输入退休教师的教工号，单击"确定"按钮，此时显示追加记录的询问对话框，确定追加记录则单击"是"按钮，否则单击"否"按钮，如图3-112所示。

注意：如果输入的教工号在教师基本信息表中不存在，则不追加记录。

图3-111 输入参数对话框

图3-112 追加记录的询问框

任务6-11 在课程表中添加一门选修课

课程信息如下。

课程号：016，课名：计算机组装维修，课时：40，考核方式：考查，学分：1

在 SQL 视图窗口中输入下面的 SQL 语句，然后单击"运行"按钮，弹出提示对话框，如果确定追加记录则单击"是"按钮，否则单击"否"按钮。

```
INSERT INTO 课程表(课程号,课程名,课时,是否必修,考核方式,学分)
VALUES("016","计算机组装维修",40,NO,"考查",1)
```

VALUES() 函数中的数据类型必须与字段的数据类型一致，否则无法添加。当添加表中全部字段的值时，表名之后的字段名可以省略，但插入的字段值必须与表结构中字段的顺序完全吻合。上面的 SQL 语句可以写成：

INSERT INTO 课程表 values (" 016"," 计算机组装维修", 40, NO," 考查", 1)

任务6-12 由教师张强（教工号1982011）接替教师刘燕（教工号1989006）的授课任务

在 SQL 视图窗口中输入以下 SQL 语句，运行 SQL 语句之后，会弹出提示对话框，如果确定更新记录则单击"是"按钮，否则单击"否"按钮。

```
UPDATE 教师授课表
SET 教工号 = "1982011"
WHERE 教工号 = "1989006";
```

任务 6 – 13　删除教师授课表中教工号为"2002005"的教师相关记录

在 SQL 视图窗口中输入如下查询语句，运行 SQL 语句之后，会弹出提示对话框，如果确定删除记录则单击"是"按钮，否则单击"否"按钮。

```
DELETE
FROM 教师授课表
WHERE 教工号 = "2002005"
```

小　结

SQL 称为结构化查询语言，其查询的功能非常强大，主要包括数据查询、数据定义和数据操作方面的功能。

数据查询语句可以从数据库中查询满足指定条件的记录，也可以进行数据的汇总操作。查询语句只有一个 SELECT 语句，它可与其他语句配合完成所有的查询功能。

数据定义语句可以定义数据库、数据表、索引和视图等，可以完成数据库和数据表的创建、字段的添加和编辑等操作。

数据操作语句可以完成数据表中的数据添加、删除和修改操作。

上机实践

1. 查询选修课的课程信息。

2. 查询交运 1726 班（班级编号：jtyy1726）的 004 课程的学生成绩，并按成绩降序排序。

3. 查询交运 1727 班（班级编号：jtyy1727）有不及格课程的学生信息，显示学号、姓名、课程名称和成绩字段。

4. 统计教师基本信息表中各种职称的教师人数。

5. 统计所有课程的平均分、最高分和最低分，查询结果中显示课程名称，按课程号升序排序。

6. 统计工龄最长的 5 名教师，显示教工号、姓名、性别、职称和工龄字段。

7. 请同学们将自己所在班级的信息添加到班级表中。

8. 创建一个"学籍预警表"，包括学号、姓名、不及格课程门数字段

9. 在学籍预警表中添加"班级编号"字段，字段类型为文本、长度为 16。

10. 将 201721060655 学生的 008 课程的成绩改为 0 分。

11. 将不及格课程门数达到 5 门及以上的学生追加到学籍预警表中。

12. 从学籍预警表删除不及格门数小于 5 门课的学生记录。

小 结

SQL 查询的功能非常强大，主要包括数据查询、数据定义和数据操作方面的功能。

知识链接

1. SQL 的数据查询语句

1）SELECT 语句

最常用的数据处理语句是 SELECT 语句，它不仅能够从一个或多个表中检索出符合条件的数据，并且能够进行汇总计算、联合查询等，也可以将检索结果保存为新的数据表。

SELECT 语句的格式如下：

```
    SELECT [ALL |DISTINCT][TOP N] <字段名 1 > [AS <别名 >]<,字段名 2 >
[AS <别名 >]…
    [INTO <新表名 >]
    FROM <表或查询列表 >
    [WHERE <条件表达式 >]
    [GROUP BY <分组字段名 >]
    [HAVING <条件表达式 >]
    [ORDER BY <排序字段名 >[ASC |DESC]]
```

SELECT 语句中参数的含义如下。

（1）ALL | DISTINCT：用来限制查询结果的返回行的数量。ALL 表示显示查询结果的所有行，DISTINCT 表示取消查询结果中的重复行，默认为 ALL。

（2）TOP N：显示查询结果中前 N 条记录。

（3）字段名：在查询结果中显示的字段名称，可以用 " * " 号代表数据表中所有的字段。

（4）别名：列标题，可以代替原有的列名称。

（5）INTO 子句：可以将查询结果保存到一个新数据表中。

（6）FROM 子句：用来指明查询的数据源，一个或多个表、查询。

（7）WHERE 子句：指定查询的条件。

（8）GROUP BY 子句：将查询结果按指定的列分组。

（9）HAVING 子句：与 GROUP BY 子句结合使用，用来指定分组的条件。

（10）ORDER BY 子句：对查询结果进行排序，ASC 为升序，DESC 为降序，默认为升序。

注意事项：

（1）在该语句中，包含在（< >）中的字段是必不可少的，包含在方括号中的字段则是可有可无的。

（2）字段名之间的逗号，必须是英文字符，不能使用汉字逗号。

2）从多个表中检索数据

在实际查询操作中，常常需要从两个或更多的表中查找需要的数据。当从多个表中查询数据时，必须在 SELECT 语句中连接多个表，连接数据表的方式有两种，一种是用 JOIN 子句，另一种是通过 WHERE 子句。

（1）JOIN 子句。

JOIN 子句出现在 FROM 子句中，表之间的连接主要有内连接、左外联接和右外连接三种，所以 JOIN 子句也有三种，具体格式如下。

① 内连接的格式：FROM ＜表1＞ INNER JOIN ＜表2＞ ON ＜连接条件表达式＞

② 左外部连接的格式：FROM ＜表1＞ LEFT OUTER JOIN ＜表2＞ ON ＜连接条件表达式＞

③ 右外部连接的格式：FROM ＜表1＞ RIGHT OUTER JOIN ＜表2＞ ON ＜连接条件表达式＞

例如，内部连接学生基本信息表和成绩表：

FROM 学生基本信息表 INNER JOIN 成绩表 ON 学生基本信息表. 学号＝成绩表. 学号

（2）用 WHERE 实现表间关系。

Access 中，除了使用 JOIN 子句连接表以外，还可以使用 WHERE 子句连接数据表。例如，在任务 6－3 中，使用 WHERE 子句完成课程表和成绩表的连接，具体的 SELECT 语句如下。

```
SELECT 成绩表. 课程号, 课程名称, 成绩
FROM 课程表, 成绩表
WHERE 学号＝"201721060602" And 课程表. 课程号＝成绩表. 课程号
ORDER BY 成绩表. 成绩 DESC;
```

3）数据表的别名

在查询中，有时候数据表的名字多次出现，为便捷起见可以用别名代替数据表名。

```
SELECT 成绩表. 课程号, 课程名称, 成绩
FROM 课程表 as k INNER JOIN 成绩表 as c ON k. 课程号＝c. 课程号
WHERE 学号＝"201221060765"
ORDER BY c. 课程号;
```

4）SQL 聚合函数

SQL 聚合函数也称为合计函数，用于完成各类统计操作。常用的聚合函数有 COUNT、SUM、MAX、MIN 和 AVG 函数。

（1）COUNT 函数。

用于统计符合条件的记录数。例如，统计各系教师人数、班级人数等。

（2）SUM 函数。

用于求和，参与求和的字段必须为数据类型。例如，求某门课程的总分等。

（3）MAX 函数和 MIN 函数。

用于在指定的记录范围内找出字段的最大值和最小值。例如，求某门课程的最高分、最低分等。

（4）AVG 函数。

用于求平均值。例如，求课程的平均分、学生的平均年龄等。

SQL 聚合函数经常与 GROUP BY 子句结合使用，对查询结果的每个组中的字段值进行汇总和统计。

5）嵌套查询

嵌套查询是在一个 SELECT 语句的 WHERE 子句中包含另一个 SELECT 语句，即用 SELECT 子句的查询结果作为 SELECT 主句查询条件的判断依据。

例如，查找同时选修 001 和 003 课程的学生学号。成绩表中，一条记录中没有两个课程号，所以分别查询选修"001"和"003"课程的学生，并判断课程号为"001"的学生是否包含在选修"003"的学生集合中。

打开 SQL 视图窗口，输入 SQL 查询语句，如图 3 – 113 所示。

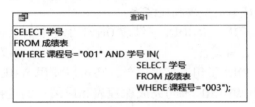

图 3 – 113　嵌套查询

6）联合查询

联合查询用于将来自一个或多个表和查询的字段组合为查询结果中的一种查询，用 UNION 连接两个 SELECT 语句，查询结果包含两个 SELECT 语句的查询结果。例如，任务 6 – 11 中使用联合查询从学生基本信息表和教师基本信息表中查询党员的记录。

创建联合查询时，注意以下几点。

（1）要为两个 SELECT 语句以相同的顺序指定相同的字段，即 SQL 语句的列数相同，并且相应的列的数据类型相同。Access 不会关心每个列的名称，当列的名称不相同时，查询会使用第一个 SELECT 语句中的字段名称。

（2）如果不需要返回重复记录，使用 UNION 连接两个 SELECT 语句，如果要显示所有记录，则需要使用 UNION ALL 运算符。

（3）对联合查询的结果进行排序，可在最后一个 SELECT 语句的末端添加一个 ORDER BY 子句。

2. SQL 数据定义查询

1）建立表结构

在数据库中，使用 CREATE TABLE 语句创建新表，格式如下：

```
CREATE TABLE 表名(字段1 类型[(字长)][NOT NULL][,字段2 类型[(字长)][NOT NULL][,…]])
```

2）修改表结构

修改表结构的 SQL 语句的格式如下。

（1）增加字段。

> ALTER TABLE 表名 ADD <字段名> <字段类型>[字长][NOT NULL]

例1. 为班级表添加"班主任"和"班级人数"两个字段。

> ALTER TABLE 班级表 ADD 班主任 CHAR(16),班级人数 INTEGER;

（2）删除字段。

> ALTER TABLE 表名 DROP <字段名>

例2. 删除学生基本信息表中的"简历"字段。

> ALTER TABLE 学生基本信息表 drop 简历;

（3）编辑字段属性。

> ALTER TABLE 表名 ALTER <字段名> <字段类型>[字长][NOT NULL]

说明：修改表结构时，可以同时添加和删除多个字段，字段之间以逗号隔开。

例3. 将学生基本信息表中"姓名"字段的长度修改为18。

> ALTER TABLE 学生基本信息表 ALTER 姓名 CHAR(18);

3）删除表

删除表的 SQL 语句的格式如下：

> DROP TABLE <表名>

例4. 删除党员信息表

> DROP TABLE 党员信息表;

3. 数据处理语言

1）INSERT INTO 语句

该语句可以添加一个单一记录至一个表中，格式如下：

> INSERT INTO 表名[（字段1[,字段2[,…]]）]
> VALUES(值1[,值2[,值…]])

说明：

（1）将 VALUES 函数中的值插入到指定的表中，值1对应字段1，要一一对应，以此类推。若省略了字段名，则 VALUES 函数中必须包括所有字段的对应的值。其中，字段值与字段数据类型必须保持一致。

（2）若要将某个查询的结果全部添加到指定表中，则用 SELECT 语句替换 VALUES 函数，格式如下：

> INSERT INTO 表名[（字段1[,字段2[,…]]）]
> SELECT [字段1[,字段2[,…]]]
> FROM <表名>

2）UPDATE 语句

该语句更改数据表中满足条件的记录，语法格式如下：

```
UPDATE 表名
SET 字段名 1 = 表达式 1[ ,字段名 2 = 表达式 2][ ,…]
[WHERE 条件]
```

说明：

（1）SET 子句用于指定修改方法，即用表达式中的值代替指定的字段值。

（2）WHERE 子句用于指定更新条件，若省略则更新表中所有记录的指定字段值。

3）DELETE 语句

DELETE 语句创建一个删除查询，可以把满足条件的记录从表中删除；若省略查询条件，则删除表中全部的记录。语法格式如下：

```
DELETE
FROM 表名
[WHERE 条件表达式]
```

说明：

（1）DELETE 语句只删除表中的数据，不删除表结构和表的所有属性。

（2）DELETE 语句也可以实现级联删除，当一对多关系中从"一"方的表中删除记录时，"多"方中的相应记录也会被删除。

（3）DELETE 语句删除的是整条记录，如果要删除特定字段中的值，需要将值更改为NULL。

思考与练习

一、填空题

1. Access 中，创建新的查询，可以使用（　　　）、（　　　）和（　　　）三种方法。

2. Access 提供了 4 种操作查询，包括（　　　）、（　　　）、（　　　）和（　　　）。

3. 利用对话框提示用户输入条件的查询是（　　　）。

4. 若在"职工"表中查找姓"王"的记录，可以在查询设计视图的"条件"行中输入（　　　）。

5. 书写查询准则时，日期值应该用（　　　）括起来。

6. 条件表达式"BETWEEN 70 AND 80"相当于（　　　）。

7. 条件"性别 = "女"　OR 工资额 > 2 000"的意思是（　　　）。

8. 条件"NOT 民族 = "汉""的意思是（　　　）。

9. 交叉表查询中可以设置（　　　）行标题、（　　　）列标题和（　　　）值。

10. 使用向导创建交叉表查询的数据源必须来自（　　　）表或查询。

11. 交叉表查询将来自数据源中的字段分成两组，一组以（　　　）形式显示在表格的左侧，一组以（　　　）形式显示在表格的顶端，并将数据进行统计计算后显示在（　　　）上。

12. 创建交叉表查询，必须对（　　　　）和（　　　　）字段进行分组。

13. 将表 A 的记录复制到表 B 中，且不删除表 B 中的记录，可以使用的查询是（　　　　）。

14. SQL 的含义是（　　　　）。

15. 在 SQL 查询中使用 WHERE 子句指出的是（　　　　）。

16. 在 SQL 语句中，SELECT 语句中用（　　　　）子句对查询的结果进行排序。

17. 在 SQL 语句中，如果检索要去掉重复组的所有元组，则应在 SELECT 语句中使用（　　　　）。

18. 在 SQL 查询结果中，为了达到仅显示前几条记录的目的，可以在 SELECT 语句中使用（　　　　）。

19. （　　　　）查询可以将多个表或查询对应的多个字段的记录合并为一个查询表中的记录。

20. 要使用 SQL 语句查询 1980 年出生的学生，则 WHERE 子句中限定的条件为（　　　　）。

二、简答题

1. Access 查询的功能具体表现在哪些方面？

2. 查询和筛选的主要区别是什么？

3. 查询主要分为哪些类型？各类查询的作用是什么？

4. Access 提供了哪几种查询向导？简单描述各查询向导的功能。

5. 在 Access 中，哪些方法可以创建一个新表？

6. 操作查询的类型有哪些？它们分别对应哪些 SQL 语句？

7. 哪些类型的字段不能使用更新查询进行更新？

8. 当从一个表中删除记录时，同时删除其他表中的相关记录，必须要具备哪些条件？

项目 4

窗体的创建与应用

● 学习目标 ▬▬▬▬▬▬

* ❉ 窗体的基本概念
* ❉ 窗体的类型
* ❉ 创建窗体的方法
* ❉ 常用控件的使用

预备知识

窗体作为人机交互的一个重要接口，是 Access 2010 数据库中功能最强的对象之一，数据的使用与维护大多都是通过窗体来完成的。窗体本身没有存储数据，也不像数据表那样只以行和列的形式显示数据。用户可以通过窗体可以显示、增加、编辑、删除、查询、打印表的数据记录；利用窗体，可以将整个应用程序组织起来，形成一个完整的应用系统。任何形式的窗体都是建立在表和查询基础上的。

1. 窗体的主要功能

窗体是人机交互的界面，用户可以在窗体中方便地进行数据输入、数据编辑及数据的显示。窗体对象的具体功能如下。

（1）显示和编辑数据，在窗体中显示的数据清晰且易于控制。

（2）创建友好的人机交互界面，使用户方便地对数据记录进行维护。

（3）使用窗体可以查询或统计数据库中的数据。

（4）显示提示、说明、错误、警告等提示信息，帮助用户进行操作。

（5）控制程序流程。例如，在窗体中设计命令按钮，并对其编程，当单击命令按钮时，即可执行相应的操作，从而达到控制程序流程的目的。

2. 窗体的类型

根据显示数据的不同，Access 提供了 6 种类型的窗体，分别是纵栏式窗体、表格式窗体、数据表窗体、主/子窗体、图表窗体和数据透视表窗体。

1）纵栏式窗体

纵栏式窗体是最常用的窗体类型，每次只显示一条记录，每列左边显示字段名，右边显示字段的值。

在纵栏式窗体中，可以随意地安排字段，可以使用 Windows 的多种控制操作，还可以设置直线、方框、颜色等。通过建立和使用纵栏式窗体，可以美化操作界面，提高操作效率。

2）表格式窗体

表格式窗体在一个窗体中显示多条记录。如果要浏览更多的记录，可以通过垂直滚动条进行浏览。

3）数据表窗体

数据表窗体与数据表和查询显示数据的界面相同，其主要作用是作为一个窗体的子窗体。

4）主/子窗体

主/子窗体主要用来显示表之间具有一对多关系的数据。其中，主窗体显示的表，一般采用纵栏式窗体；子窗体显示的表，通常采用数据表或表格式窗体。

5）图表窗体

图表窗体是以图表方式显示用户的数据。图表窗体的数据源可以是数据表，也可以是查询。

6）数据透视表窗体

数据透视表窗体是指通过指定格式（布局）和计算方法（求和、求平均值等）汇总数据的交互式表，用此方法创建的窗体称为数据透视表窗体。用户也可以改变数据透视表窗体的布局，以满足不同的数据分析方式和要求。

3. 窗体视图

窗体视图是窗体在具有不同功能和应用范围下呈现的外观表现形式。Access 为窗体对象提供了三种视图形式：窗体视图、数据表视图和设计视图。

（1）窗体视图就是窗体运行时的显示格式，用于查看在设计视图中所建立窗体的运行结果。

（2）设计视图是创建窗体或修改窗体的窗口，任何类型的窗体均可以通过设计视图来创建。

（3）数据表视图是以行列格式显示表、查询或窗体数据的窗口。在数据表视图中可以编辑、添加、修改、查询或删除数据。

窗体视图和数据表视图是为用户提供的用于进行数据显示和操作的应用界面，而设计视图则是为系统设计者提供的设计界面。

4. 窗体的组成

窗体通常由窗体页眉、页面页眉、主体、页面页脚和窗体页脚 5 部分组成，如图 4 – 1 所示。每一部分称为窗体的"节"，除主体节外，其他节可通过设置确定有无，但所有窗体必有主体节，其他的节可以根据实际需要，通过"视图"菜单的相应命令添加。

1）窗体页眉

窗体页眉位于窗体的最上方，一般用于设置窗体的标题、窗体使用说明或打开相关窗体及执行其他任务的命令按钮等。

2）页面页眉

页面页眉一般用来设置窗体在打印时页面顶部要打印的信息，如标题、日期或页码等。

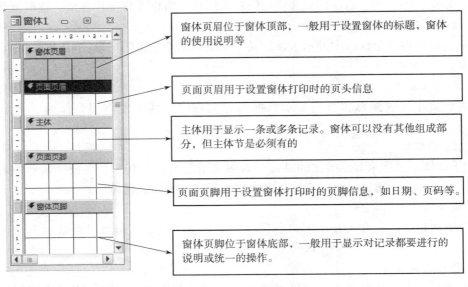

图 4 - 1　窗体的组成

3）主体

主体通常用来显示记录数据，可以只显示一条记录，也可以显示多条记录。

4）页面页脚

页面页脚一般用来设置窗体在打印时页面底部要打印的信息，如汇总、日期或页数等。

5）窗体页脚

窗体页脚位于窗体底部或打印页的底部，一般用于显示对所有记录都要显示的内容，如使用命令的操作说明等信息，也可以设置命令按钮执行必要的控制。

注意：

（1）窗体页眉/页脚、页面页眉/页脚都是成对添加或删除的。

（2）在窗体视图中，只显示窗体页眉、窗体页脚和主体三个部分。

（3）在打印预览时可显示窗体的 5 个部分，即页面页眉/页脚只在"打印预览"时显示。

任务1　利用"窗体向导"创建一个教师信息的纵栏式窗体

任务描述

创建"教师基本信息表"的纵栏式窗体，如图 4 - 2 所示，并保存为"教师基本信息表 - 纵栏式窗体"。

任务分析

使用窗体向导可以创建纵栏式窗体，在图 4 - 2 的窗体中，"教工号""姓名""性别""民族""政治面貌""学历""职称""入职时间"和"联系电话"字段来源于"教师基本信息表"，"系别名称"字段来源于"系别表"。

图4-2　教师基本信息-纵栏式窗体

任务实施

步骤1. 打开教学管理数据库，选择"创建"选项卡，在"创建"选项卡中选择"窗体向导"按钮，如图4-3所示。

步骤2. 在"表/查询"下拉式菜单中选择数据源和字段。选择"教师基本信息表"，在"可用字段"列表框中依次选择各个字段，然后单击"　＞　"按钮，将其依次添加到"可用字段"列表框中，如图4-4所示。再选择"系部表"，在"可用字段"列表框中选择"系部名称"字段，如图4-5所示。

图4-3　窗体向导

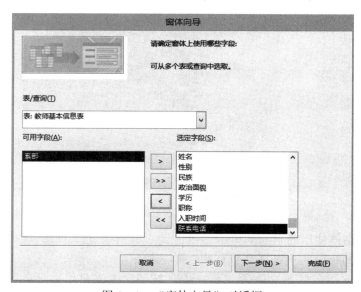

图4-4　"窗体向导"对话框

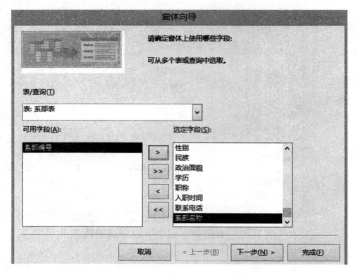

图4-5 "窗体向导"对话框

步骤3. 确定查看数据的方式。单击"下一步"按钮，进入如图4-6所示的界面，选择"通过 教师基本信息表"。

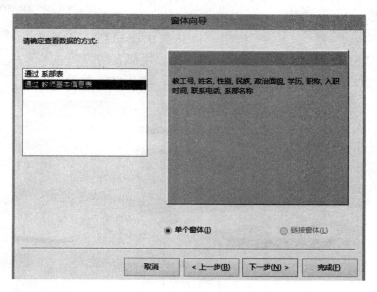

图4-6 确定查看数据的方式

步骤4. 确定窗体使用的布局。单击"下一步"按钮，进入如图4-7所示的界面，在"请确定窗体使用的布局"中选择"纵栏表"单选按钮。

步骤5. 为窗体指定标题。单击"下一步"按钮，进入窗体向导的最后一步，此时在"为窗体指定标题"文本框中输入窗体的标题，在"请确定是要打开窗体还是要修改窗体设计"中选择"打开窗体查看或输入信息"单选按钮，如图4-8所示。

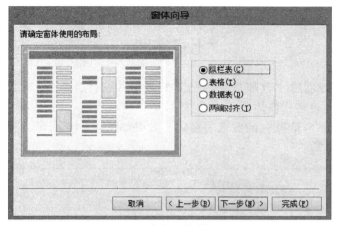

图4-7 确定窗体使用布局

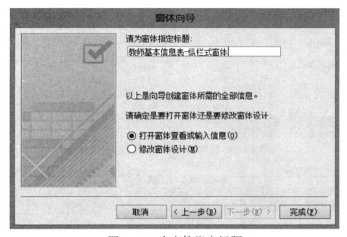

图4-8 为窗体指定标题

步骤6. 单击"完成"按钮，即创建了一个名为"教师基本信息表–纵栏式窗体"的纵栏式窗体。

小 结

在 Access 2010 中有两种创建窗体的方法，分别是使用窗体向导和窗体设计视图。

窗体向导可以创建纵栏式窗体、表格式窗体、数据表窗体、图表窗体和数据透视表等窗体。

窗体设计视图使用人工方式创建窗体，需要创建窗体的每一个控件，建立控件与数据源的联系，设置控件的属性等。

纵栏式窗体、表格式窗体和数据表窗体的特点如下：

● 纵栏式窗体：窗体左侧显示的是说明信息，右侧显示的是记录中字段的数据，并且一个窗体只显示一条记录。

● 表格式窗体：一个窗体中显示多条数据记录（通过垂直滚动条可以上下查看），字段名称出现在窗体最上方，下方是记录中的数据。

● 数据表窗体：显示的形式和我们常见的表格一致。

上机实践

1. 使用窗体向导创建"教师基本信息"的表格式窗体，效果如图4-9所示，并保存为"教师基本信息-表格式窗体"。

2. 创建"教师基本信息"的数据表窗体，效果如图4-10所示，并保存为"教师基本信息-数据表式窗体"。

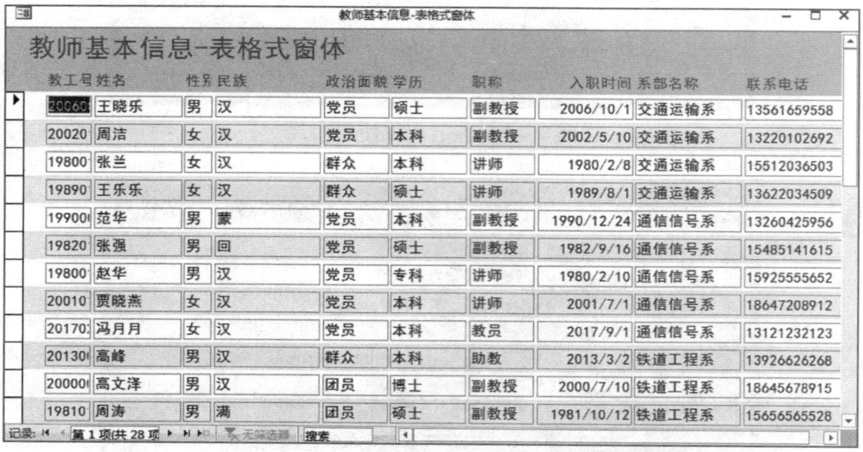

图4-9　教师基本信息-表格式窗体

图4-10　教师基本信息-数据表式窗体

任务2　利用"窗体向导"创建学生成绩查询的主/子窗体

任务描述

创建如图4-11所示的学生个人成绩查询的主/子窗体，每一页显示一名学生的基本信息和各科成绩。

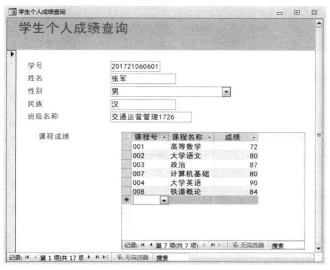

图4-11 学生成绩查询的主/子窗体

任务分析

图4-11所示的窗体是一种主/子窗体，主窗体中显示的是学生个人信息，子窗体中显示该学生的课程成绩。

当窗体中显示有一对多关系的表数据时，系统会自动创建主/子窗体，主窗体中的一条记录对应子窗体中的多条记录，其主要用于显示表中一对多的关系，因此，在使用主/子窗体过程中，数据表之间必须要事先建立关系。

任务实施

步骤1. 首先创建数据表之间的关系。单击"数据表工具"选项卡中的"关系"按钮，创建数据表之间的关系，如图4-12所示。

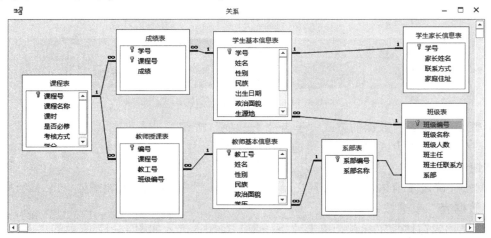

图4-12 数据表之间的关系

步骤2. 启动"窗体向导",在窗体向导对话框中选择学生基本信息表,将学生基本信息表中的"学号""姓名""性别""民族"放入选定字段中,然后选择班级表,将班级表中的"班级名称"放入选定字段中。如图4-13所示。

步骤3. 接着在"表/查询"下拉列表中选择课程表和成绩表,将"课程号"、"课程名"和"成绩"字段放入选定字段中,如图4-14所示。

图4-13 设置学生基本信息表可用字段

图4-14 设置成绩表可用字段

步骤4. 确定查看数据的方式。单击"下一步"按钮,进入如图4-15所示的界面,在"请确定查看数据的方式"中选择"通过 学生基本信息表",再选择"带有子窗体的窗体"单选按钮。

步骤5. 确定子窗体使用的布局。单击"下一步"按钮,进入如图4-16所示的界面,选择"数据表"单选按钮。

步骤6. 为窗体指定标题。单击"下一步"按钮,进入如图4-17所示的界面,分别输入主、子窗体的名称。

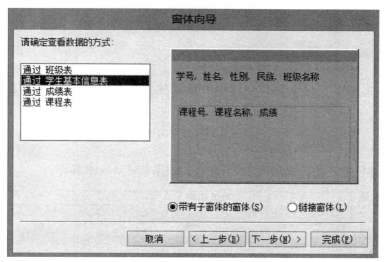

图4-15 查看数据的方式

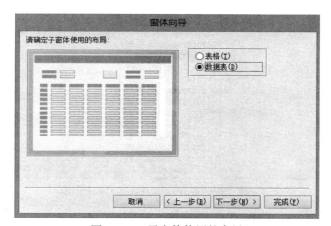

图4-16 子窗体使用的布局

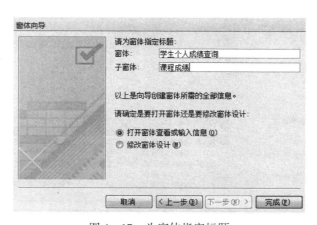

图4-17 为窗体指定标题

步骤7. 创建主/子窗体。单击"完成"按钮，即创建了一个主/子窗体。

步骤 8. 如果对窗体布局和主/子窗体的标题不是很满意，可以通过设计视图进行修改。

小 结

主/子窗体主要用于显示多表中一对多的关系。窗体中包含的窗体称为子窗体，包含子窗体的窗体称为主窗体。主/子窗体中使用的数据表之间必须要事先建立好表关系。

上机实践

1. 创建按课程查询学生成绩的主/子窗体，效果如图 4 – 18 所示。

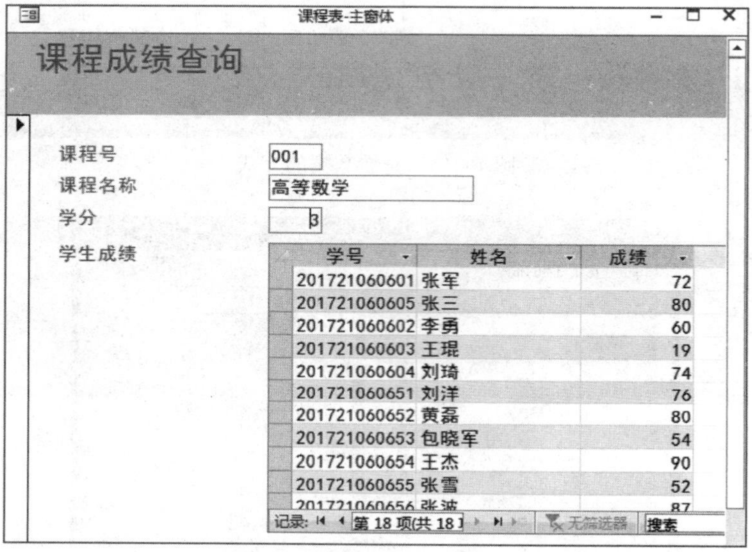

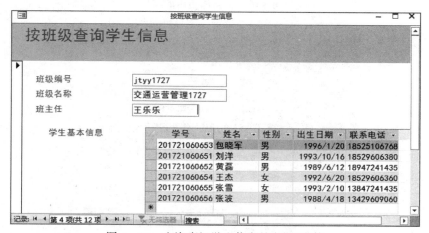

图 4 – 18   按课程查询学生成绩的主/子窗体

2. 创建按班级查询学生信息的主/子窗体，效果如图 4 – 19 所示。

图 4 – 19   查询班级学生信息的主/子窗体

任务3　利用"其他窗体"及导航按钮创建窗体

任务描述

使用"其他窗体"按钮，创建以下窗体：

1. 以"教师基本信息表"为数据源，创建教师多项目窗体。

2. 以分割窗体显示教师基本信息。

3. 将"教师基本信息表 – 纵栏式"窗体转化为分割窗体。

4. 利用导航按钮创建一个导航窗体。设置导航按钮为：教师纵栏式、教师表格式、教师数据表窗体。

任务分析

多项目窗体类似于数据表，数据排列成行和列的形式，用户在窗体中可以查看多条记录。以布局视图查看窗体时，可以在窗体显示数据的同时对窗体进行设计方面的更改。

分割窗体不同于主/子窗体，分割窗体的数据采用两种视图（窗体视图和数据表视图），两个视图连接到同一数据源，并且总是保持同步。

数据透视表窗体类似于交叉表查询，它是根据字段的排列方式和选用的计算方法汇总大量数据的交叉式数据表窗体。

数据透视表窗体的数据有三类，分别是：

- 行字段：用于对数据分组（此处为"系别"）
- 列字段：用于对数据分组（此处为"职称"）
- 汇总或明细字段：用于对采用行、列字段分组后的数据进行统计（此处为按各系及各职称所统计的人数）

创建导航窗体是要创建类似菜单的导航按钮，能够在窗体中通过导航按钮浏览不同的窗体、报表等，创建导航窗体实际上就是创建一个导航控件。

任务实施

任务3－1　以"教师基本信息表"为数据源，创建教师多项目窗体

步骤1. 单击左侧 ACCESSS 对象浏览器窗口，选中要创建多项目窗体的数据源"教师基本信息表"，如图4－20所示。

步骤2. 单击"创建"标签页"窗体"组中的"其他窗体"按钮，在列表框中选择"多个项目"，如图4－21所示，系统即自动创建了一个多项目窗体，如图4－22所示。

步骤3. 此时，在布局视图下拉动布局视图中窗体的行和列，使布局效果更美观，单击"保存"按钮，输入多项目窗体的名称，完成多项目窗体的创建。

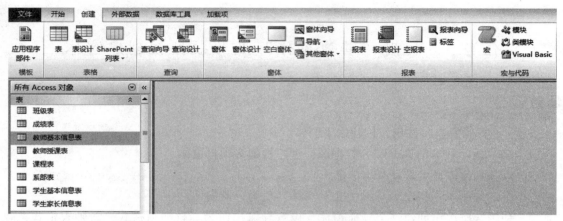

图 4－20　创建多项目窗体的数据源

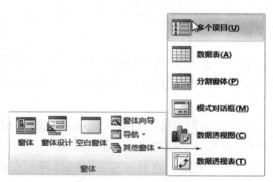

图 4－21　选择多个项目

教工号	姓名	性别	民族	政治面貌	学历	职称	入职时间	系部	联系电话
1980012	赵华	男	汉	党员	专科	讲师	1980/2/10	02	15925555652
1980016	张兰	女	汉	群众	本科	讲师	1980/2/8	01	15512036503
1981015	周涛	男	满	团员	硕士	副教授	1981/10/12	03	15656565528
1982011	张强	男	回	党员	硕士	副教授	1982/9/16	02	15485141615
1983027	黄新	男	汉	群众	硕士	教授	1983/9/1	06	18645678912
1989006	刘燕	女	汉	团员	博士	教授	1989/11/10	06	15612345678
1989010	杨丽	女	汉	团员	本科	教授	1989/3/10	04	15668662260
1989017	王乐乐	女	汉	群众	硕士	讲师	1989/8/1	01	13622034509
1990001	范华	男	蒙	党员	本科	副教授	1990/12/24	02	13260425956
2000003	高文泽	男	汉	团员	博士	副教授	2000/7/10	03	18645678915

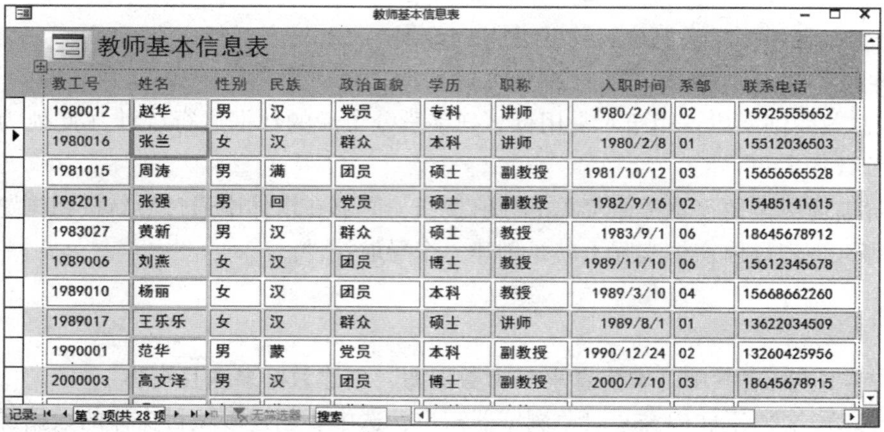

图 4－22　多项目窗体

任务 3－2　以分割窗体显示教师基本信息

步骤 1. 单击左侧 ACCESSS 对象浏览器窗口，选中要创建多项目窗体的数据源“教师基本信息表”。

步骤 2. 单击“创建”标签页“窗体”组中的“其他窗体”按钮，在列表框中选择“分割窗体”，系统就自动创建一个分割窗体，如图 4－23 所示。

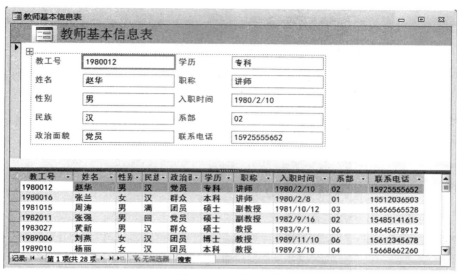

图 4 - 23　分割窗体

步骤3. 单击"保存"按钮，保存创建的窗体。如图4-24所示。

图 4 - 24　保存窗体

任务3-3　将"教师基本信息表-纵栏式"窗体转化为分割窗体

步骤1. 打开"教师基本信息表-纵栏式窗体"的设计视图，单击工具组的"属性表"按钮，打开窗体的属性表窗口。

步骤2. 在"属性表"窗口中，将"默认视图"改为"分割窗体"，"分割窗体方向"改为"数据表在下"，如图4-25所示。

属性表 ✕

所选内容的类型: 窗体

窗体

格式　数据　事件　其他　全部

标题	教师基本信息-纵栏式窗体	最大最小化按钮	两者都有
默认视图	分割窗体	可移动的	是
允许窗体视图	是	分割窗体大小	自动
允许数据表视图	否	分割窗体方向	数据表在下
允许布局视图	是	分割窗体分隔条	是
图片类型	嵌入	分割窗体数据表	允许编辑
图片	(无)	分割窗体打印	仅表单
图片平铺	否	保存分隔条位置	是

图 4 - 25　窗体属性的设置

步骤3. 单击"保存"按钮保存窗体，将窗体切换到窗体视图后可看到分割窗体，如图4-26所示。

图4-26　纵栏式窗体改为分割窗体

任务3-4　利用导航按钮创建一个导航窗体

窗体中的导航按钮设置为：教师纵栏式、教师表格式、教师数据表窗体。

步骤1. 选择"创建"选项卡"窗体"组中的"导航"按钮，在下拉式菜单中选择"垂直标签，左侧"，如图4-27所示。系统即自动出现创建导航窗体界面，如图4-28所示。

图4-27　导航下拉菜单

图4-28　导航窗体

步骤2. 单击"[新增]"按钮，分别输入"教师纵栏式""教师表格式""教师数据表"，如图4-29所示。

步骤3. 选中"教师纵栏式"，选择"属性表"，在"数据"标签下的"导航目标名称"中选择"教师-纵栏式窗体"导航名称，如图4-30所示。用同样的方法设置教师表格式、教师数据表导航项目。

图 4 – 29　导航窗体中添加项目　　　　图 4 – 30　设置导航项目名称

步骤 4. 单击 "保存" 按钮，保存窗体，如图 4 – 31 所示。导航窗体的效果如图 4 – 32 所示。

图 4 – 31　保存窗体

图 4 – 32　导航窗体

小　结

多项目窗体类似于数据表，数据排列成行和列的形式，用户在窗体中可以查看多条记录。分割窗体是同时提供窗体视图和数据表视图两种视图的窗体形式，其他窗体也可以通过设置窗体的属性转换为分割窗体。导航窗体能够在窗体中通过导航按钮浏览多个窗体或报表。

上机实践

1. 创建课程表的分割窗体，如图 4－33 所示。

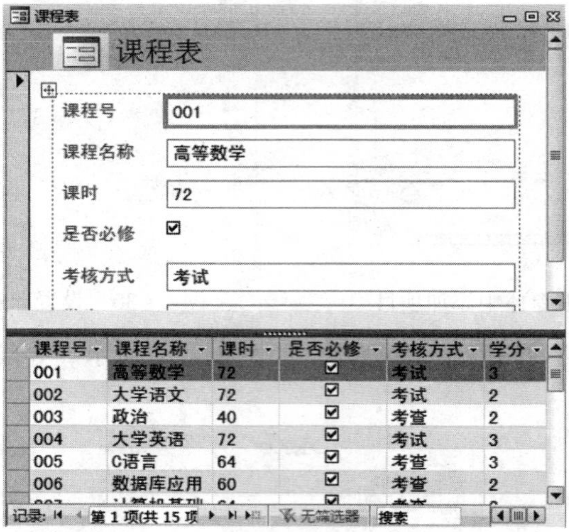

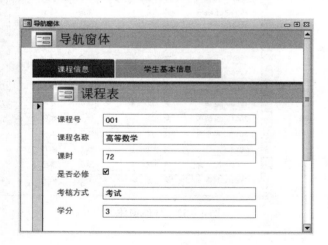

图 4－33　课程表分割窗体

2. 将教师基本信息－数据表式窗体转换为分割窗体。

3. 创建一个导航窗体，创建导航"课程信息"和"学生基本信息"，分别显示"课程信息"分割窗体和"学生基本信息"表格式窗体，如图 4－34 所示。

操作提示：先创建"学生基本信息"表的表格式窗体。

图 4－34　导航窗体

任务4 常见控件的应用

任务描述

1. 创建一个标签控件的应用示例窗体，如图4-35所示。

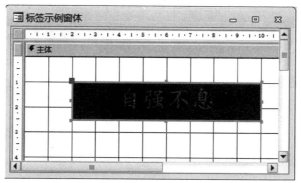

图4-35 标签控件图

设计要求如下。

- 窗体名称：标签示例
- 标题："自强不息"
- 左边距2CM，上边距1CM，控件高1.5CM，宽12CM
- 字体：楷书、28号、加粗、居中
- 边框：实线、黄色

2. 创建文本框控件的应用示例窗体，如图4-36所示。

设计要求如下。

- 窗体名称：文本框示例
- "教师性别"文本框的"默认值"为"男"、"有效性规则"为"男"或"女"
- "教师工作时间"文本框的"格式"为长日期

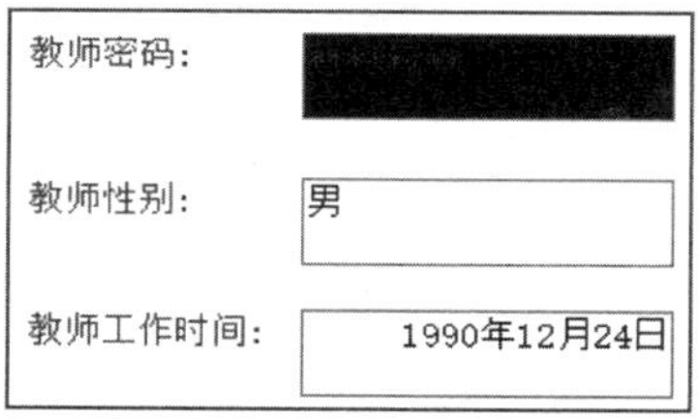

图4-36 文本框控件

3. 创建选项按钮的应用示例窗体，如图4-37所示。

设计要求如下。

- 窗体名称：选项按钮示例
- 创建名称为 "Text 教师姓名" 的文本框，"控件来源" 属性为 "姓名"
- 分别依次创建 "Toggle 党员" 切换按钮、"Option 党员" 单选按钮、"Check 党员" 复选按钮，均绑定到 "政治面貌" 字段

4. 创建命令按钮的应用示例窗体，如图 4 - 38 所示。

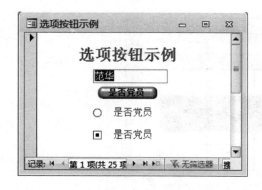

图 4 - 37　选项按钮示例　　　　　　　　　图 4 - 38　命令按钮示例

设计要求如下。

- 整个窗体由主体、窗体页眉/页脚组成；导航按钮、记录选择器、分割线均为 "否"。宽 9CM，主体高 2.5CM，页眉高 1.5CM，窗体页脚高 2.5CM
- 在页眉中添加一个标签控件，内容为 "命令按钮示例"
- 在主体区添加教师姓名、性别、职称、联系电话信息
- 在窗体页脚区域添加按钮：首记录、上一记录、下一记录、尾记录、删除记录、保存记录

5. 创建一个组合框和列表框的应用示例窗体，如图 4 - 39 所示。

设计要求如下。

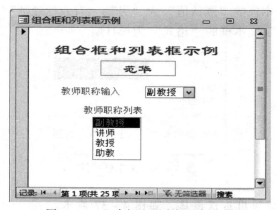

图 4 - 39　组合框和列表框示例窗体

- 窗体名称为"组合框和列表框示例"，记录源为"教师基本信息表"
- 创建名称为"Text 教师姓名"的文本框，"控件来源"属性为"姓名"
- 创建"Combox 职称输入选项"的组合框，组合框中选项直接输入，将所选的值存入"教师基本信息表"的"职称"字段中

任务分析

为了更形象、更美观地表示窗体上的数据，并使窗体的操作更方便、功能更强大，Access 提供了多种控件工具，帮助用户创建个性化的窗体。

任务实施

任务 4-1　创建一个标签控件的应用示例窗体

步骤 1. 选择"创建"选项卡，单击"窗体"组的"窗体设计"按钮，打开窗体设计视图，如图 4-40 所示。

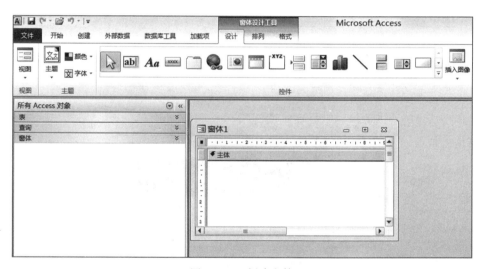

图 4-40　创建窗体

步骤 2. 将窗体保存为"标签示例窗体"，单击"确定"按钮保存窗体，如图 4-41 所示。

步骤 3. 在"窗体设计工具 设计"—"控件"组中，单击"标签"（ Aa ）控件，在窗体上方拖动鼠标划出一个区域，即创建了一个标签控件，在标签中输入"自强不息"，如图 4-42 所示。

步骤 4. 选中标签，打开属性表，在"格式"选项卡中，分别设置控件左边距 2CM，上边距 1CM，控件高 1.5CM，宽 12CM，前景红色，背景蓝色，字体为楷书、28 号、加粗、居中，边框为实线、黄色，如图 4-43 所示。标签的设置效果如图 4-44 所示，保存窗体。

图 4 – 41　保存窗体

图 4 – 43　标签属性的设置

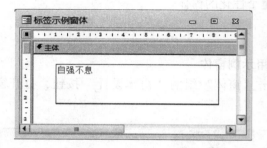

图 4 – 42　创建标签控件

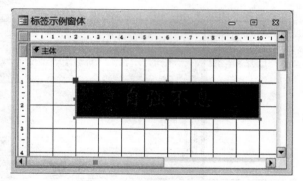

图 4 – 44　标签的设置效果

任务 4 – 2　创建一个文本框控件的应用示例窗体

步骤 1. 使用窗体设计视图新建一个窗体，然后单击打开"属性表"。

步骤 2. 将窗体保存为"文本框示例窗体"。

步骤 3. 在"窗体设计工具"中单击"文本框"（■■■）控件，在窗体上方拖动鼠标划出一个区域，即创建了一个文本框控件，此时出现一个文本框向导的对话框，在其中可以设置字体及对齐方式，如图 4 – 45 所示。单击"下一步"按钮，选择输入法模式，如图 4 – 46所示，单击"下一步"按钮。

步骤 4. 输入文本框名称为"Text 密码"，如图 4 – 47 所示，单击"完成"按钮。此时，在窗体中创建了一个文本框的同时，也创建了一个标签控件，如图 4 – 48 所示。

步骤 5. 选中文本框控件，单击"属性表"中的"格式"选项卡，设置背景颜色为蓝色、前景颜色为红色，如图 4 – 49 所示。

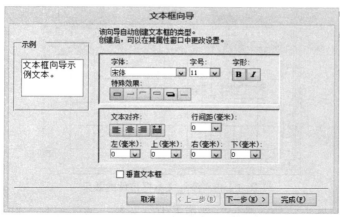

图4-45 设置文本框字体及对齐方式

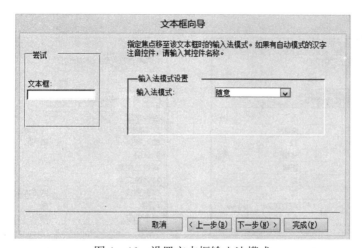

图4-46 设置文本框输入法模式

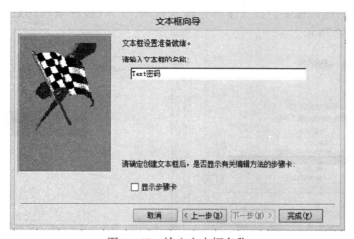

图4-47 输入文本框名称

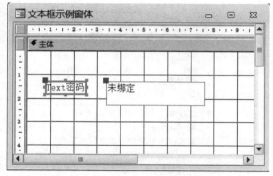

图4-48 添加文本框控件的效果

步骤6. 在"属性表"的"数据"选项卡中，设置"控件来源"为空（默认值），"输入掩码"为"密码"，如图4-50所示。此时弹出如图4-51所示对话框，选择"密码"，单击"完成"按钮。

图4-49 文本框的格式设置　　　　　图4-50 文本框数据设置

步骤7. 切换到窗体视图，在文本框中输入数据，可以看到输入的数据是以星号的方式显示的，如图4-52所示。

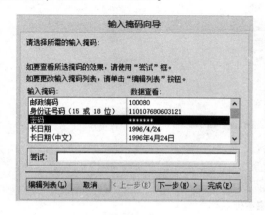

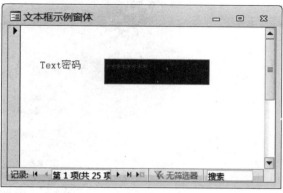

图4-51 设置文本框的输入掩码为密码　　　图4-52 输入的数据以星号显示

步骤8. 用同样的方法创建第2个文本框,名称为"Text性别",在属性表中设置"控件来源"属性为"性别"、"默认值"为"男",如图4-53所示。

步骤9. 单击"有效性规则"选项,出现"表达式生成器"对话框,"表达式元素"选择"操作符","表达式类别"选择"逻辑","表达式值"选择"Or",在表达式文本框中输入:"男"Or"女",如图4-54所示,单击"确定"按钮,返回属性表。属性表的"有效性文本"中输入"性别只能输入 男 或 女"字符串,在性别字段中如果输入错误,会给予提示,如图4-53所示。

图4-53 设置性别的控件来源

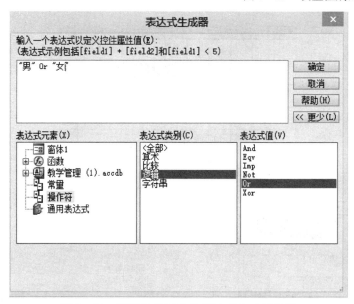

图4-54 有效性规则中的表达式生成器设置

步骤10. 用同样的方法创建第3个文本框,名称为"Text工作时间",在属性表中设置"控件来源"属性为"工作时间",如图4-55所示。设置"格式"为"长日期"、"显示日期选取器"为"为日期",如图4-56所示。

步骤11. 窗体的设计视图如图4-57所示,在窗体视图下的效果如图4-58所示。

任务4-3 创建选项按钮的应用示例窗体

步骤1. 使用窗体设计视图新建一个窗体。

步骤2. 将窗体保存为"选项按钮示例"窗体,如图4-59所示。

步骤3. 选择"窗体",打开"属性表",在"数据"选项卡中的"记录源"设置为"教师基本信息表",如图4-60所示。

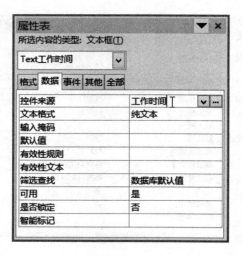

图 4 – 55　设置工作时间的控件来源

图 4 – 56　设置工作时间格式

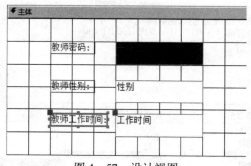

图 4 – 57　设计视图

图 4 – 58　窗体视图　　　　　图 4 – 59　保存窗体为选项按钮示例

步骤 4. 单击"窗体设计工具"中的"添加现有字段"按钮,如图 4 – 61 所示,在"字段列表"中将"姓名"字段拖入窗体中,删除"姓名"的标签信息,只留下文本框,如图 4 – 62 所示。

步骤 5. 在"窗体设计工具"中单击"切换"按钮(▤),在窗体上方拖动鼠标划出一个区域,即创建了一个切换按钮控件,如图 4 – 63 所示。在属性表中,将切换按钮控件的"名称"改为"Toggle 党员",将标题设置为"是否党员",将"控件来源"设置为"政治面貌",如图 4 – 64 所示。

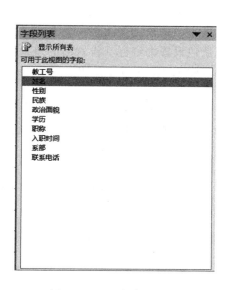

图 4 - 60　设置窗体的记录源为教师基本信息表　　　　图 4 - 61　现有字段列表

图 4 - 62　添加姓名字段

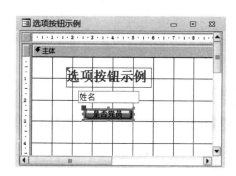

图 4 - 63　创建切换按钮控件

步骤 6．在"窗体设计工具"中单击"单选"按钮（◉），在窗体上方拖动鼠标划出一个区域，即创建了一个单选按钮控件。在属性表中，将单选按钮控件标签设置为"是否党员"，将"名称"设置为"Option 党员"，将前景色设置为红色。设置后效果如图 4 - 65 所示。

图 4 - 64　切换按钮控件属性设置

图 4 - 65　创建单选按钮控件

步骤7. 在"窗体设计工具"中单击"复选"按钮（☑），创建一个复选按钮控件。在属性表中，将复选按钮控件标签设置为"是否党员"，将"名称"设置为"Check 党员"，将前景色设置为红色。设置后的效果如图4－66所示。

步骤8. 保存窗体，切换到窗体视图，运行窗体，效果如图4－67所示。

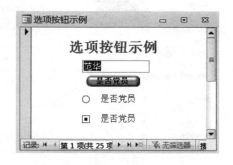

图4－66　创建复选按钮控件　　　　　　图4－67　选项按钮示例结果

任务4－4　创建一个命令按钮的应用窗体

步骤1. 单击"创建"—"窗体"—"窗体设计"按钮创建一个窗体，在窗体中单击鼠标右键，打开快捷菜单，如图4－68所示。选择"窗体页眉/页脚"，创建窗体页眉和页脚，如图4－69所示。

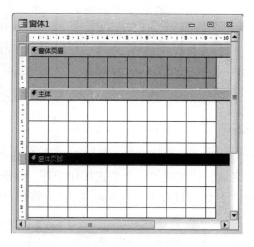

图4－68　主体快捷菜单　　　　　　　图4－69　在窗体上添加页眉页脚

步骤2. 打开属性表，在"所选内容的类型"中选择"窗体"，在"格式"选项卡中，设置窗体的宽度为"9CM"，将"导航按钮""记录选择器"均设置为"否"，在"数据"选项卡中设置窗体的"记录源"为"教师基本信息表"。

步骤3. 选择"主体"，在属性表中设置高度为"2.5CM"。分别选择"窗体页眉"和"窗体页脚"，设置高度属性为"1.5CM"和"2.5CM"，将窗体保存为"选项按钮示例"。

步骤4. 在窗体页眉中添加一个标签控件，标题为"命令按钮示例"，"格式"为红色、加粗、隶书、20号字，如图4－70所示。

步骤 5. 选择"工具"组的"添加现有字段"按钮，在主体区添加教师的"姓名""性别""职称""联系电话"字段。将前面的标签名改为"教师姓名""教师性别""教师职称"和"教师联系电话"，如图 4 – 71 所示。

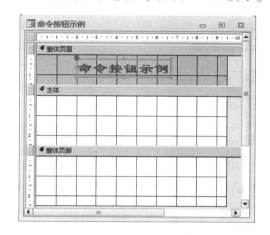

图 4 – 70　添加标签控件

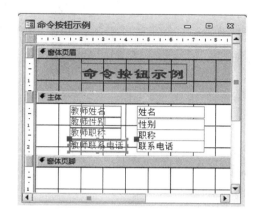

图 4 – 71　添加教师信息

步骤 6. 在"控件"组的下拉菜单中选择"使用控件向导"，如图 4 – 72 所示，使"使用控件向导"变为选中状态。

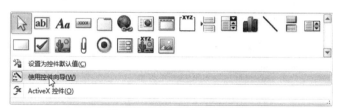

图 4 – 72　使用控件向导

步骤 7. 选择"控件"组的"按钮"控件，在窗体中添加一个按钮，此时弹出"命令按钮向导"对话框，选择"记录导航"的"转至第一项记录"，如图 4 – 73 所示。单击"下一步"按钮，进入如图 4 – 74 所示的界面，选择"图片"单选框，然后选择要显示的图片。

图 4 – 73　选择按钮执行的操作

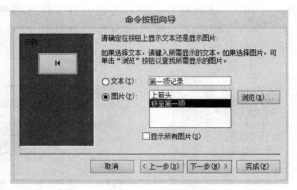

图 4 – 74　选择显示图片

步骤 8. 为按钮指定名称。单击"下一步"按钮,在打开的对话框中输入按钮名称为"Command 首记录",如图 4 – 75 所示,单击"完成"按钮,即创建了一个如图 4 – 76 所示的命令按钮。

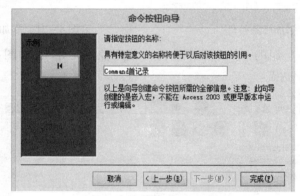

图 4 – 75　为按钮指定名称

步骤 9. 重复步骤 7 和步骤 8,将所需要的命令按钮逐个创建到窗体中,如图 4 – 77 所示。

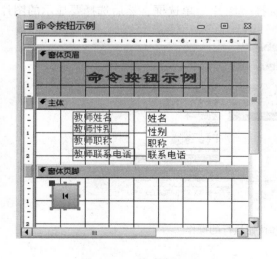

图 4 – 76　创建的按钮

图 4 – 77　排列按钮

步骤10．将文本框和命令按钮对齐。按 Shift 键选中全部标签，单击"窗体设计工具 排列"选项卡中"调整大小和排序"组的"对齐"按钮，如图 4－78 所示，从下拉列表中选择"靠左对齐"，选择"大小/空格"列表中的"垂直相等"，使得垂直间距相等；同理，选中全部文本框，以同样的方式将文本框对齐。

图 4－78 "调整大小和排序"组

步骤11．选中全部按钮，设置"向上对齐"和"水平相等"，使得按钮全部对齐。

步骤12．选中全部按钮，选择"大小/空格"中的"组合"，将所有的按钮组合在一起。创建完成的按钮示例窗体如图 4－79 所示。

任务 4－5 创建组合框和列表框的应用示例窗体

步骤1．单击"窗体设计"图标，新建一个窗体，在属性表中将窗体的"记录源"设置为"教师基本信息表"。

步骤2．将窗体保存为"组合框和列表框示例"。

步骤3．在窗体中插入标签控件，标题为"组合框和列表框示例"，在属性表中将"格式"设置为红色、加粗、隶书、20 号字。

步骤4．单击"设计"—"工具"—"添加现有字段"按钮，将"教师基本信息表"中的"姓名"字段拖动到窗体中，将姓名的标签删除，设置姓名的格式为居中、加粗、隶书、红色、16 号字，如图 4－80 所示。

图 4－79 创建完成的按钮示例窗体

图 4－80 设置控件的格式

步骤5．确定"使用控件向导"为选中状态。选择"工具箱"中的"组合框"工具，在窗体中拖动鼠标划出一个区域，打开"组合框向导"对话框，此时默认值为"使用组合框获取其他表或查询中的值"。选择第 2 个选项"自行键入所需的值"，单击"下一步"按钮，如图 4－81 所示。

步骤6．在"组合框向导"对话框中直接输入选项（助教、教师、副教授、教授），如

图 4 - 82 所示。

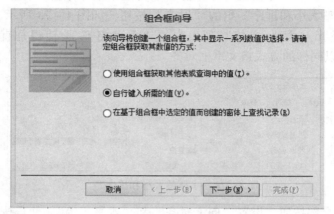

图 4 - 81　组合框向导

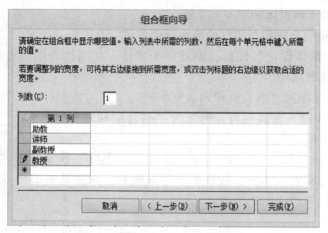

图 4 - 82　输入选项

步骤 7. 单击"下一步"按钮，选择"将该数值保存在这个字段中"选项，在保存字段的下拉式菜单中选择"职称"，如图 4 - 83 所示。单击"下一步"按钮。

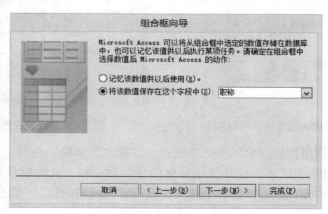

图 4 - 83　保存字段为职称

步骤8. 在"请为组合框指定标签"文本框中输入"教师职称输入",如图4-84所示。单击"完成"按钮。

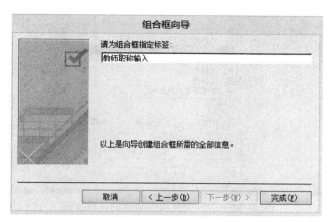

图4-84   为组合框指定标签

步骤9. 添加列表框。确定"使用控件向导"为选中状态,选择"工具箱"中的"列表框"工具,在窗体中拖动鼠标划出一个区域,打开"列表框向导"对话框,选中默认值"使用组合框获取其他表或查询中的值",如图4-85所示。单击"下一步"按钮。

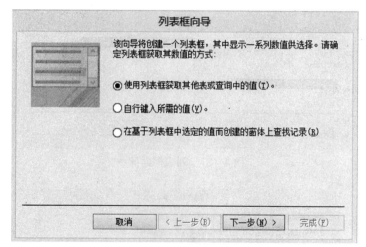

图4-85   使用组合框获取其他表或查询中的值

步骤10. 在列表框向导的"请选择为列表框提供数值的表或查询"中选择"表:教师基本信息表",如图4-86所示。单击"下一步"按钮。

步骤11. 在"可用字段"中选择"职称"字段,如图4-87所示。单击"下一步"按钮。

步骤12. 在"请确定要为列表框中的项使用的排序次序"中选择"职称"字段,如图4-88所示。单击"下一步"按钮。

步骤13. 在"指定列表框中列的宽度"中调整宽度,如图4-89所示。单击"下一步"按钮。

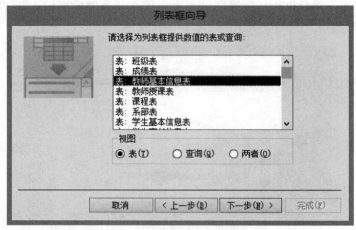

图4-86　为列表框提供数值的表或查询

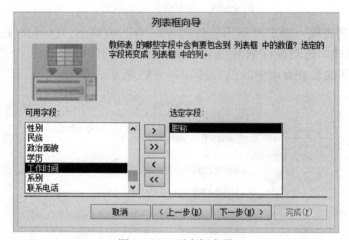

图4-87　列表框向导

图4-88　确定要为列表框中的项使用的排序次序

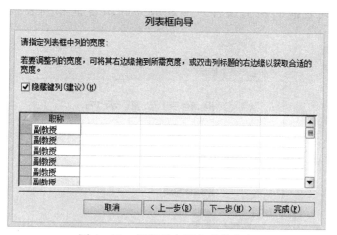

图4-89　指定列表框中列的宽度

步骤14. 设置将字段保存在"职称"字段中，如图4-90所示。单击"下一步"按钮。

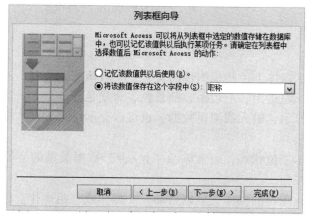

图4-90　保存数值到字段

步骤15. 为列表框指定标签为"教师职称列表"，如图4-91所示。单击"完成"按钮。

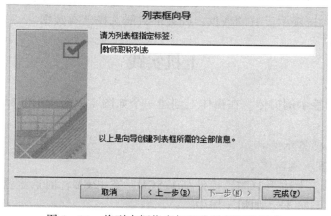

图4-91　将列表框指定标签为教师职称列表

步骤16. 设置列表框的相关属性，形成最终的组合框和列表框窗体，如图 4 - 92 所示。

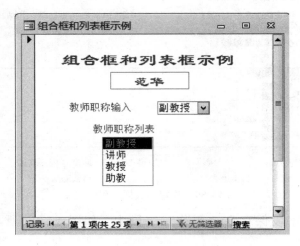

图 4 - 92　最终的组合框和列表框窗体

小　结

标签控件用于显示窗体上一些说明性的文字，一般情况是静态、不会变化的。标签控件的属性有名称、标题、左边距、上边距、前景色、背景色等。

文本框控件用于显示、输入或编辑数据，也可以显示结果。文本框控件是进行数据输入的主要控件。

选项控件用于显示二值状态，通常显示"是/否"数据类型的字段，选项控件有切换按钮、单选按钮和复选按钮。

命令按钮用于接收用户的操作，可以启动一个操作或一组操作。创建命令按钮可以使用命令按钮创建向导来创建，在命令按钮向导中，系统内部指定了 30 多种不同类型的命令按钮，通过选择向导中命令按钮的类别来选择具体操作的命令按钮。

组合框和列表框用于提供一组有限的选项让用户选择。组合框既可以选择已有数据，也可以在文本域中输入选项中没有的数据；列表框只能选择已有数据。

上机实践

1. 创建一个标签示例窗体。在窗体上创建一个如图 4 - 93 所示的标签控件。
设计要求如下。
- 窗体名称：标签示例
- 标题："标签示例窗体 1"
- 左边距 1CM，上边距 1CM，控件高 1.5CM，宽 12CM，前景蓝色，背景红色
- 字体：宋体、24 号、加粗、居中

图 4 – 93 标签示例窗体

2. 创建一个如图 4 – 94 所示的文本框示例窗体。

3. 创建一个如图 4 – 95 所示的命令按钮示例窗体。

设计要求：设置窗体的"记录源"为"学生基本信息表"，窗体的宽 10CM，主体高 6CM。

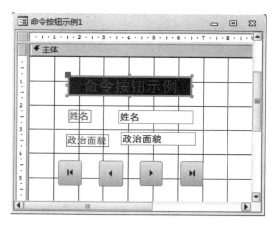

图 4 – 94 文本框示例窗体　　　　　　　图 4 – 95 命令按钮示例窗体

任务5 设计教师基本信息维护窗体

任务描述

设计如图 4 – 96 所示的"教师基本信息维护"窗体。设计要求如下：

1. 窗口的标题为"教师基本信息的维护"。窗体宽 12CM，主体高 6CM，窗体页眉高 2CM，窗体页脚高 2CM。

2. 窗体页眉上显示"教师基本信息"，设置为 20 号字、加粗、蓝色。

3. 窗体页脚显示浏览、编辑和删除记录的命令按钮。

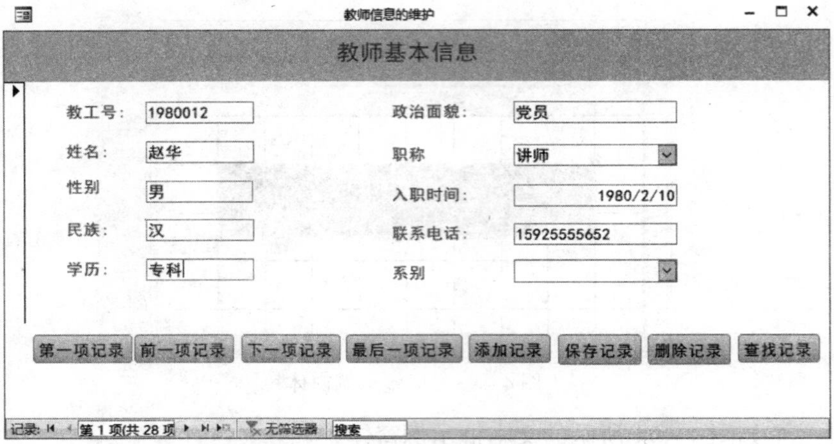

图 4 - 96　教师基本信息维护窗体

任务分析

利用任务 4 中学习过的相关控件的设计方法，创建一个自定义的窗体，通过这个综合性的设计，形成一个完整、美观的窗体。

任务实施

步骤 1. 单击"窗体设计"图标，新建一个窗体，在属性表中单击"记录源"属性右侧的"查询生成器"按钮，打开查询生成器窗口，设置记录源，如图 4 - 97 所示。

图 4 - 97　查询生成器的设置

步骤 2. 将窗体保存为"教师信息维护"。

步骤 3. 在主体中单击鼠标右键，打开快捷菜单，选择"窗体页眉/页脚"，添加窗体页眉和页脚。

步骤 4. 打开窗体属性表，设置窗体的窗体宽 12CM，边框样式为"对话框边框"。

步骤 5. 打开属性表，选择"主体"，设置高度为 6CM，选择"窗体页眉"，设置高度为 2CM，选择"窗体页脚"，设置高度为 2CM。

步骤 6. 单击"标签"按钮，在"窗体页眉"中部建立一个标签控件，标签中输入"教师基本信息"，在属性表中设置字体为黑体、20 号字、加粗、蓝色。

步骤 7. 单击"添加现有字段"按钮，依次将教师基本信息表中的字段添加到窗体的主体中，并调整显示的位置，如图4-98所示。

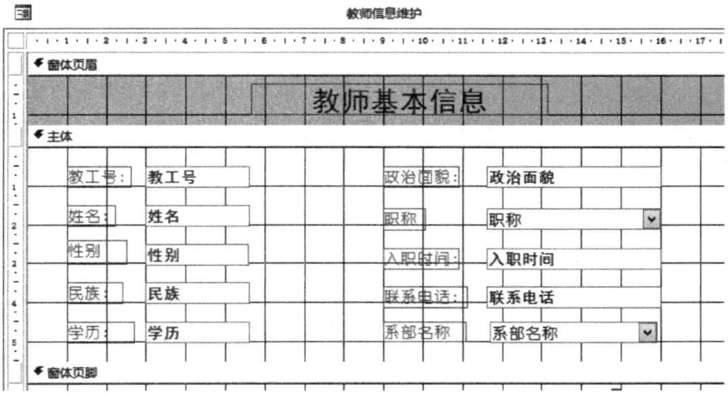

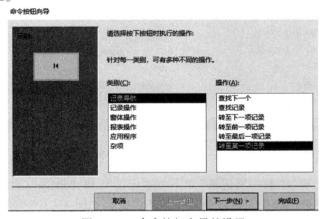

图4-98　窗体主体中添加字段

步骤8. 在窗体页脚中设计"命令按钮"。从控件组选择按钮控件，添加到窗体页脚中，在弹出的"命令按钮"向导中，从"类别"列表选择"记录导航"，从"操作"列表中选择"转至第一项记录"，如图4-99所示。单击"下一步"按钮，设置按钮上显示的文本，如图4-100所示。单击"下一步"按钮，设置按钮的名称，单击"完成"按钮，即可添加"第一项记录"按钮。

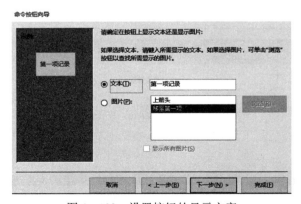

图4-99　命令按钮向导的设置

图4-100　设置按钮的显示文字

步骤9. 用同样的方法添加其他按钮控件，全部添加之后窗体的设计视图如图4－101所示。

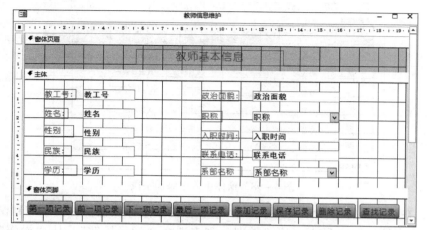

图4－101　教师基本信息窗体设计视图

步骤10. 切换到窗体视图，调试窗体的功能，如图4－102所示。

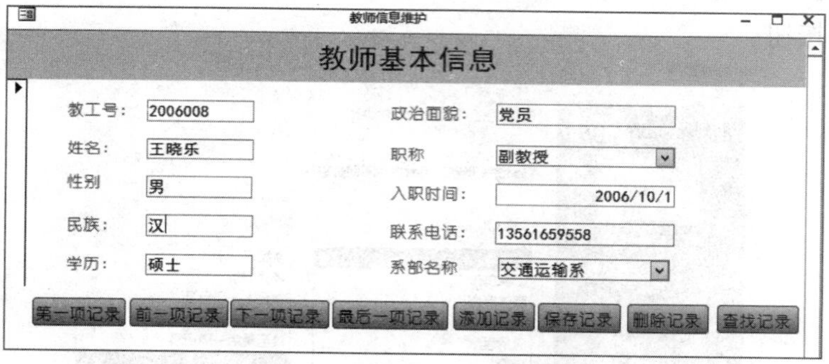

图4－102　教师信息维护窗体

　　单击"第一项记录""前一项记录""下一项记录"和"最后一项记录"按钮浏览教师记录。单击"添加记录"按钮，可以输入一条新记录，如图4－103所示。移到要删除的记录处，单击"删除记录"按钮，弹出如图4－104所示的提示对话框，单击"是"按钮，即可删除记录。

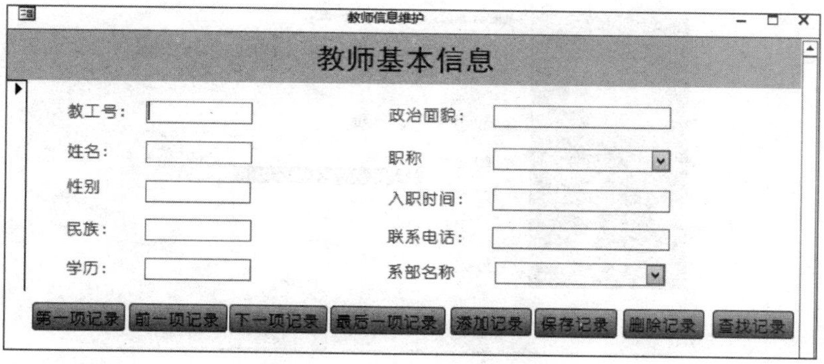

图4－103　添加一条新记录

单击"查找记录"按钮时，会打开"查找和替换"对话框，如图4-105所示。

图4-104　删除提示对话框

图4-105　查找和替换对话框

小　结

利用窗体的"向导"和"自动创建"功能虽然可以快速创建窗体，以便用户应急使用，但在功能上并不能满足用户的要求。通过自定义方式，利用各种控件，可以创建出美观且操作体验良好的窗体。

上机实践

创建"学生基本信息维护"窗口，如图4-106所示。窗体上的按钮依次是"第一条记录""上一条记录""下一条记录""最后一条记录""添加新记录""保存记录""撤销记录"和"删除记录"。

图4-106　学生信息维护窗体

任务6 美化窗体

任务描述

美化"教师基本信息维护"窗体，如图4-107所示。

图4-107 教师基本信息窗体的美化效果

任务分析

从图4-107可以看出，窗体设置了背景图片，在窗体页眉上显示了一张图片。标题文字设置为黑体、26，字段标签为淡紫色75%，按钮的背景色为淡灰色，前景色为黑色。

任务实施

步骤1. 打开"教师基本信息维护"窗体的设计视图，打开"属性表"，在"图片"属性中选择作为背景的图片，设置"图片平铺"为"否"，"图片绽放模式"为"拉伸"，如图4-108所示。

图4-108 属性表的设置

步骤2. 在"控件"组选择图像控件 ，在窗体左上角拖动鼠标画出区域，此时会弹出"插入图片"窗口，从窗口中选择显示的图片，设置的效果如图4-109所示。

步骤3. 设置标签文字的格式和按钮的格式。选择标签文字，在属性表的格式选项卡中，修改前景色为淡紫色75%。选择所有的按钮对象，在属性表中，修改背景色为"浅灰色"。

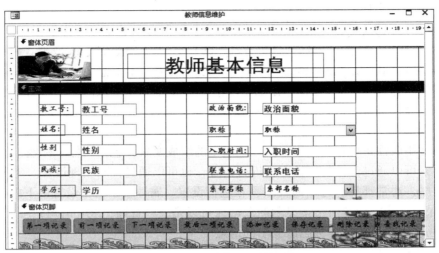

图 4 – 109　窗体的设计视图

小　结

创建窗体后，常需要对窗体中的各种控件进行调整，对窗体布局进行设置，使其更加美观、操作体验更加良好。

上机实践

美化"学生基本信息维护"窗体，如图 4 – 110 所示。

图 4 – 110　学生基本信息维护窗体

拓展训练

完成窗体的属性设置，要求如下：

1. 窗体由主体、窗体页眉、窗体页脚、页面页眉、页面页脚组成。其中窗体宽 8CM、主体高 5CM、窗体页眉、窗体页脚各高 1.5CM。

2. 设置窗体页眉、窗体页脚、页面页眉、页面页脚背景、主体的背景。

3. 设置窗体属性。图片属性为指定背景、图片类型为"嵌入"、缩放模式为"拉伸"。

4. 设置窗体标题为"教师信息",记录源为"教师基本信息表",允许添加、允许插入、允许编辑均为"否"、在窗体上添加字段信息"教师编号""姓名""职称"。

5. 设置窗体边框样式为"对话框边框",导航按钮为"是",记录分割线为"否"。

操作步骤

窗体的常用属性是指在窗体中包含一些基本的组成要素,包括图标、标题、位置和背景等,这些要素可以通过窗体的属性面板进行设置,也可以通过代码实现设置。为了快速开发窗体应用程序,通常都是通过"属性"面板进行设置。属性表中通常设置以下内容。

- 记录源:指定窗体所链接显示的数据(可以是表、查询、SQL 语句)
- 标题:用于设置窗体标题区显示的信息
- 默认视图:用于设置窗体执行时的基本形式
- 滚动条:用于决定窗体是否需要滚动条
- 导航按钮:定义是否在窗体最下方显示记录导航条
- 分割线:是否在记录之间划线
- 边框样式:调整边框的效果
- 宽度:设置整个窗体的宽度,窗体各节都采用该宽度
- 图片:设置窗体背景图
- 图片类型:选项有"嵌入"和"链接"
- 图片缩放方式:选项有"剪辑""拉伸""缩放"等

步骤 1. 单击"创建"中的"窗体设计"图标,在"属性表"中将"记录源"设置为"教师基本信息表",如图 4-111 所示。

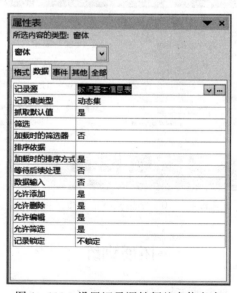

图 4-111　设置记录源教师基本信息表

步骤 2. 将窗体保存为"窗体属性设置"，单击"确定"按钮，保存窗体。如图 4 - 112 所示。

步骤 3. 在主体上单击鼠标右键，打开快捷菜单，选择"窗体页眉/页脚"，添加窗体页眉和页脚。

步骤 4. 打开窗体属性表，设置窗体宽 8CM、主体高 5CM、窗体页眉、窗体页脚各高 1.5CM。结果如图 4 - 113 所示。

图 4 - 112　保存窗体

步骤 5. 设置窗体页眉、窗体页脚背景，如图 4 - 114 所示。

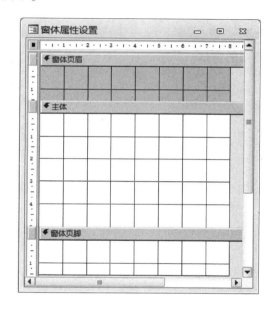

图 4 - 113　设置窗体及主体的宽和高

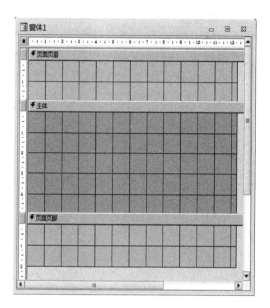

图 4 - 114　设置窗体及页眉页脚背景色

步骤 6. 设置窗体属性。图片属性为指定背景，图片类型为"嵌入"，缩放模式为"拉伸"。

步骤 7. 设置窗体标题为"教师信息"，记录源为"教师基本信息表"，允许添加、允许插入、允许编辑均为"否"，在窗体上添加字段信息"教师编号""姓名""职称"，设置字体颜色及字号。

步骤 8. 设置窗体边框样式为"对话框边框"，导航按钮为"是"，记录分割线为"否"，即完成整个窗体的创建。如图 4 - 115 所示。

图 4 - 115　"窗体属性设置"窗体

思考与练习

一、填空题

1. 窗体的数据来源可以是（　　　　）或（　　　　）。

2. 使用"自动窗体"创建的窗体，有（　　　）、（　　　）和（　　　）三种形式。

3. 窗体属性对话框有 5 个选项卡：（　　　）、（　　　）、（　　　）、（　　　）和全部。

4. （　　　）是用户和 Access 应用程序之间的主要界面。

二、简答题

1. 窗体有哪些主要功能？

2. 根据显示数据的不同，Access 分为哪 6 种类型的窗体？

3. 窗体通常由哪 5 部分组成？

项目 5

报表的创建与应用

● 学 习 目 标 ▰▰▰▰▰▰▰▰▰▰▰▰

❋ 了解报表的功能和类型
❋ 熟悉使用向导创建报表
❋ 熟练掌握使用设计视图创建报表
❋ 熟练掌握美化和打印报表

预备知识

前面学习了窗体，再学习报表就会觉得比较容易。报表和窗体类似，是专门为打印而设计的。不同之处在于，窗体可以与用户进行信息交互，而报表没有交互功能，只能用于浏览、打印和输出数据。本章主要介绍报表的一些基本应用操作，如报表的创建、报表的设计及报表的存储和打印等内容。建立报表和建立窗体的过程基本一样，只是窗体最终显示在屏幕上，而报表还可以打印在纸上。

报表是数据库数据输出的一种对象，主要作用是比较和汇总数据，显示并打印经过格式化且分组的信息。建立报表是为了以纸张的形式保存或输出数据，利用报表可以控制数据内容的大小和外观，排序和汇总相关数据，输出数据到屏幕或打印设备上。

1. 报表的分类

报表主要分为以下 4 种类型：纵栏式报表、表格式报表、图表报表和标签报表。

1）纵栏式报表

纵栏式报表（也称为窗体报表）一般是在一页的主体节内以垂直方式显示一条或多条记录。这种报表可以显示一条记录的区域，也可同时显示多条记录的区域，适合记录少、字段较多的情况。

2）表格式报表

表格式报表以行和列的形式显示记录数据，通常一行显示一条记录、一页显示多行记录。表格式报表与纵栏式报表不同，字段标题信息不是在每页的主体节内显示，而是在页面页眉显示。可以在表格式报表中设置分组字段、显示分组统计数据，适合记录较多、字段较少的情况。

3）图表报表

图表报表是指在报表中使用图表，这种方式可以更直观地表示出数据之间的关系。不仅美化了报表，而且可使结果一目了然。Access 提供了多种图表，包括折线图、柱形图、饼图、环形图、三维条形图等。图表报表一般适用于综合、归纳、比较等场合。

4）标签报表

标签报表是一种特殊类型的报表，将报表数据源中少量的数据组织在一起，通常用在打印书签、名片、信封、邀请函等特殊用途。

在上述各种类型报表的设计过程中，根据需要可以在报表页中显示页码、报表日期甚至使用直线或方框等来分隔数据。此外，报表设计可以同窗体设计一样设置颜色和阴影等外观属性。

2．报表的视图

在 Access 中，报表操作提供了 4 种视图：报表视图、打印预览视图、布局视图和设计视图。视图的切换可以通过"报表 设计"工具栏中"视图"工具按钮右侧下拉菜单中的 4 个选项来进行选择。

报表视图是报表设计完成后最终被打印的视图。在报表视图中可以对报表应用高级筛选，筛选所需要的信息。

打印预览视图可以查看显示在报表上的每一页数据，也可以查看报表的版面设置，在打印预览视图中，鼠标通常以放大镜方式显示，单击鼠标就可以改变报表的显示大小。

布局视图可以在显示数据的情况下，调整报表设计。根据实际报表数据调整列宽，将列重新排列并添加分组级别和汇总。报表的布局视图功能与窗体的布局视图功能和操作方法十分相似。

设计视图用于创建和编辑报表的结构。

3．报表的结构

在报表的"设计"视图中，区段被表示成带状形式，称为"节"。报表中的信息可以安排在多个节中，每个节在页面上和报表中具有特定的作用，并按照预期顺序输出打印。与窗体的"节"相比，报表区段被分为更多种类的节。

1）报表页眉节

报表页眉节在报表的第 1 页，用来显示报表的标题、图形或说明性文字，每份报表只有一个报表页眉，仅打印一次。一般来说，报表页眉主要用在封面。

2）报表页脚节

该节区一般是在所有的主体和组页脚输出完成后才会打印在报表的最后面。通过在报表页脚区域安排文本框或其他一些类型控件，可以显示整个报表的计算汇总或其他的统计数字信息。

3）页面页眉节

页面页眉中的文字或控件一般输出显示在每页的顶端。通常，它用来显示数据的列标题，可以给每个控件文本标题加上特殊的效果，如颜色、字体种类和字体大小等。

一般来说，如果把报表的标题放在报表页眉中，该标题打印时只在第一页的开始位置出现一次；如果将标题移动到页面页眉中，则该标题在每一页上都显示。

4）页面页脚节

一般包含页码或控制项的合计内容，数据显示安排在文本框和其他一些类型控件中，在报表每页底部打印页码信息。

　　5）主体节

　　主体用来打印表或查询中的记录数据，是报表显示数据的主要区域。根据主体节内字段数据的显示位置，报表又划分为多种类型。

　　主体节用来定义报表中最主要的数据输出内容和格式，将针对每条记录进行处理，各字段数据均要通过文本框或其他控件（主要是复制框和绑定对象框）绑定显示，可以包含通过计算得到的字段数据。

　　6）组页眉节

　　根据需要，在报表设计以上 5 个基本的"节"区域的基础上，还可以使用"排序与分组"属性来设置"组页眉/组页脚"区域，以实现报表的分组输出和分组统计。组页眉节主要安排文本框或其他类型控件显示分组字段等数据信息。

　　可以建立多层次的组页眉及组页脚，但不可分出太多的层（一般不超过 6 层）。

　　7）组页脚节

　　组页脚节内主要安排文本框或其他类型控件显示分组统计数据。打印输出时，其数据显示在每组的结束位置。在实际操作中，组页眉和组页脚可以根据需要单独设置使用。可以从"视图"菜单中选择"排序与分组"选项。

任务 1　创建学生基本信息简表

任务描述

　　在教学管理数据库中使用自动"报表"功能创建学生基本信息简表。

任务分析

　　"报表"工具是一种快捷创建报表的方法。在实际应用过程中，为了提高报表的实际效率，对一些简单的报表可以使用系统提供的自动生成报表的工具，然后再根据需要进行修改。

任务实施

　　步骤 1. 打开"教学管理"数据库，在导航窗格"表"选项中双击打开"学生基本信息表"作为报表的数据源。如图 5 – 1 所示。

　　步骤 2. 在功能区"创建"选项卡的"报表"组中，单击"报表"按钮，如图 5 – 2 所示。

　　步骤 3. 屏幕显示系统自动生成的报表，如图 5 – 3 所示。此时进入报表布局视图，主窗口上面功能区切换为"报表布局工具"，使用这些工具可以对报表进行简单的编辑和修饰。

　　步骤 4. 由于在生成的报表中一条完整的信息不能在一个整行中全部显示，因此需要调整报表布局。单击需要调整列宽的字段，将光标定位在字段的分隔线上，当光标形状变成"↔"时按住左键左右拖动鼠标，即可根据需要调整显示字段的宽度，使一条数据完整显示在一页中。

学生基本信息表

学号	姓名	性别	民	出生日期	政治面貌	生源地	照片	联系电话	班级编号	单击以
201721060601	张军	男	汉	1994/5/4	团员	辽宁沈阳		13821656369	jtyy1726	
201721060602	李勇	男	汉	1992/9/26	团员	内蒙古通辽	Package	18647502765	jtyy1726	
201721060603	王琨	女	汉	1997/3/26	群众	内蒙古呼和浩	Package	15519056359	jtyy1726	
201721060604	刘琦	男	汉	1991/11/8	团员	内蒙古临河		15661659969	jtyy1726	
201721060605	张三	男	满	1991/12/20	团员	黑龙江		13921656399	jtyy1726	
201721060651	刘洋	男	回	1993/10/16	团员	内蒙古通辽	Package	18529606380	jtyy1727	
201721060652	黄磊	男	汉	1989/6/12	党员	内蒙古赤峰		18947241435	jtyy1727	
201721060653	包晓军	男	蒙	1996/1/20	团员	内蒙古通辽	Package	18525106768	jtyy1727	
201721060654	王杰	女	汉	1992/6/20	团员	内蒙古包头	Package	18529606360	jtyy1727	
201721060655	张雪	女	汉	1993/2/10	团员	内蒙古包头	Package	13847241435	jtyy1727	
201721060656	张波	男	汉	1988/4/18	团员	内蒙古呼和浩		13429609060	jtyy1727	
201722020920	郭晓坤	男	汉	1990/10/20	预备党员	内蒙古呼和浩		13023006365	tdxh1722	
201722020921	王海	男	汉	1985/5/4	群众	青海	Package	18933671468	tdxh1722	
201722020922	刘红	女	满	1990/10/12	党员	河北	Package	15647686360	tdxh1722	
201722020923	智芳芳	女	汉	1992/1/16	团员	内蒙古通辽		13329602865	tdxh1722	
201722020924	刘燕	女	蒙	1990/8/10	党员	内蒙古集宁	Package	13247224679	tdxh1722	
201722020925	张丽	女	汉	1996/8/12	团员	内蒙古呼和浩	Package	13019065360	tdxh1722	

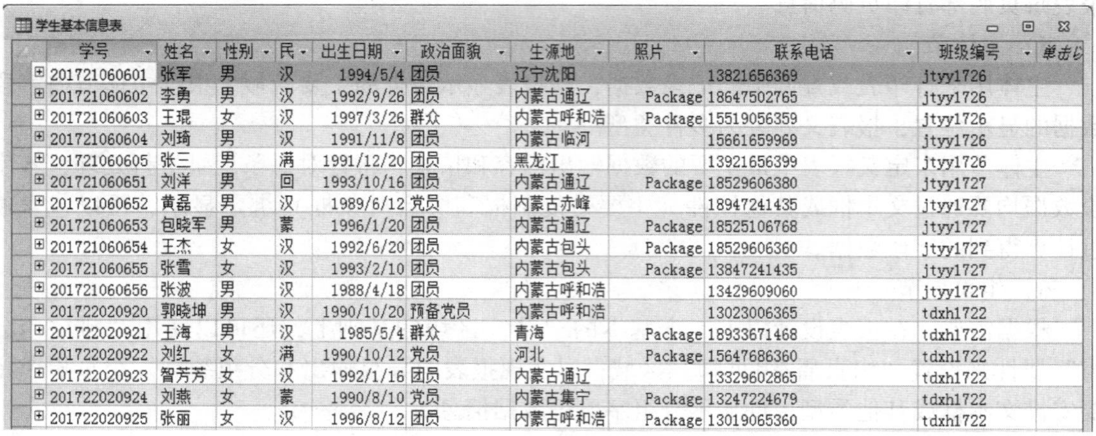

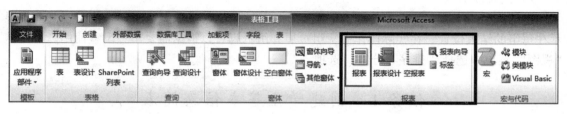

图 5－1　“学生基本信息表”

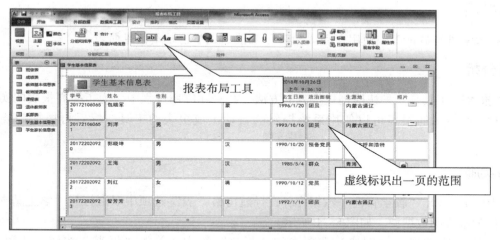

图 5－2　创建报表的工具

图 5－3　系统自动生成的报表

步骤 5. 切换到打印预览视图，查看报表的打印效果。单击“视图”按钮，选择“打印预览”后进入打印预览视图，如图 5－4 所示。此时，主窗体上方的功能区切换为与打印参数设置相关的工具。

步骤 6. 单击“关闭打印预览”按钮，返回“布局视图”。

图5-4　布局调整后打印预览时的报表

步骤7. 保存报表。单击快速访问工具栏上的"保存"按钮，打开如图5-5所示的"另存为"对话框，输入报表名称"学生基本信息简表"，单击"确定"按钮。

图5-5　输出报表名称对话框

小　结

使用"报表"组的"报表"按钮可以快速创建报表，但是报表中不能对显示的字段和记录进行选择，自动显示数据表中的所有记录和字段。

上机实践

使用自动报表创建课程信息简表，如图5-6所示。

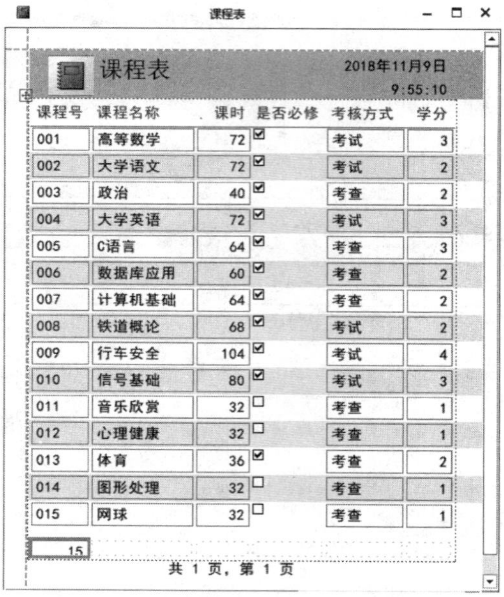

课程表

课程表 2018年11月9日 9:55:10

课程号	课程名称	课时	是否必修	考核方式	学分
001	高等数学	72	☑	考试	3
002	大学语文	72	☑	考试	2
003	政治	40	☑	考查	2
004	大学英语	72	☑	考试	3
005	C语言	64	☑	考查	3
006	数据库应用	60	☑	考查	2
007	计算机基础	64	☑	考查	2
008	铁道概论	68	☑	考试	2
009	行车安全	104	☑	考试	4
010	信号基础	80	☑	考试	3
011	音乐欣赏	32	☐	考查	1
012	心理健康	32	☐	考查	1
013	体育	36	☑	考查	2
014	图形处理	32	☐	考查	1
015	网球	32	☐	考查	1

15

共 1 页，第 1 页

图 5－6　课程表简表

任务2　创建各系教师信息统计报表

任务描述

使用报表向导创建各系教师信息统计报表，如图 5－7 所示。

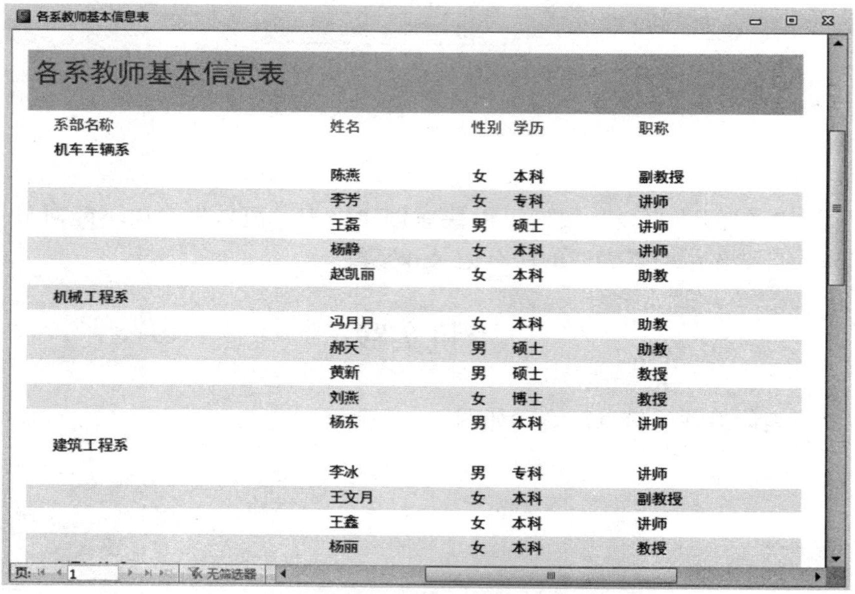

各系教师基本信息表

各系教师基本信息表

系部名称	姓名	性别	学历	职称
机车车辆系				
	陈燕	女	本科	副教授
	李芳	女	专科	讲师
	王磊	男	硕士	讲师
	杨静	女	本科	讲师
	赵凯丽	女	本科	助教
机械工程系				
	冯月月	女	本科	助教
	郝天	男	硕士	助教
	黄新	男	硕士	教授
	刘燕	女	博士	教授
	杨东	男	本科	讲师
建筑工程系				
	李冰	男	专科	讲师
	王文月	女	本科	副教授
	王鑫	女	本科	讲师
	杨丽	女	本科	教授

页: 1 无筛选器

图 5－7　各系教师基本信息报表

任务分析

使用"报表"工具创建报表，是一种标准化的报表样式。虽然快捷，但是也存在不足之处，尤其是不能选择出现在报表中的数据源字段。使用"报表向导"则提供了创建报表时选择字段的自由，除此之外，还可以指定数据的分组和排序方式，以及报表的布局样式。

任务实施

步骤1. 打开"教学管理"数据库，在"创建"选项卡的"报表"组中，单击"报表向导"按钮，如图5-2所示，打开"报表向导"对话框。

步骤2. 选择报表上使用的字段。在"表/查询"下拉列表中选择"教师基本信息表"，从"可用字段"窗格中，依次双击"姓名""性别""学历"和"职称"字段，将它们发送到"选定字段"窗格中，如图5-8所示。在"表/查询"下拉列表中再选择"系部表"，从可用字段中选择"系部名称"，如图5-9所示。单击"下一步"按钮。

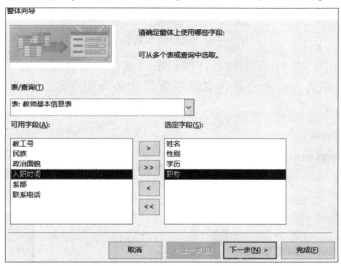

图5-8　报表向导选择字段

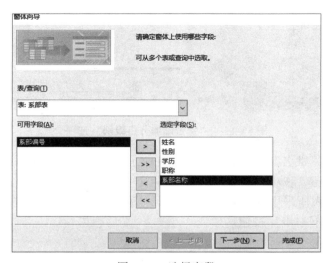

图5-9　选择字段

步骤3. 在"请确定查看数据的方式"下选择"通过 教师基本信息表"选项，如图 5 - 10 所示。单击"下一步"按钮。

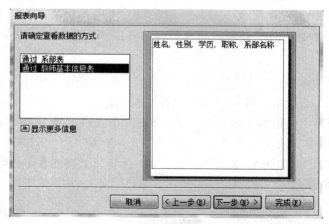

图 5 - 10　选择查看数据方式

步骤4. 进入如图 5 - 11 所示的对话框，在"是否添加分组级别?"下选择"系部名称"，单击右箭头按钮或者双击"系部名称"字段作为分组字段，如图 5 - 12 所示。单击"下一步"按钮。

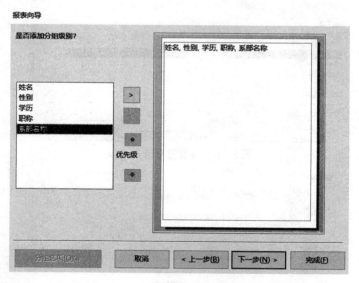

图 5 - 11　"是否添加分组级别"选项

步骤5. 选择按"姓名"排序，如图 5 - 13 所示。这里根据需要可以选择第二或第三排序字段。单击"下一步"按钮。

步骤6. 确定报表所采用的布局方式。选择"递阶"式布局，方向选择"纵向"，如图 5 - 14 所示。单击"下一步"按钮。

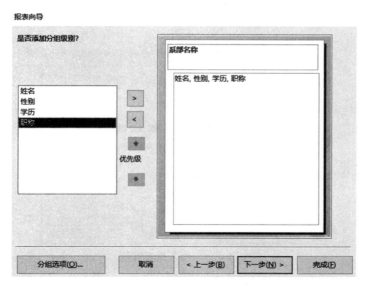

图 5 – 12　分别级别的设置

图 5 – 13　排序字段的设置

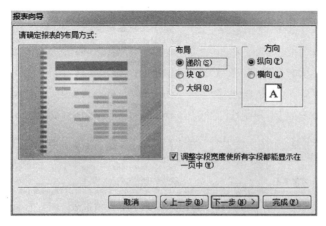

图 5 – 14　报表向导布局方式

步骤7. 为报表指定标题"各系教师基本信息表",选择"预览报表"单选项,如图 5-15所示。

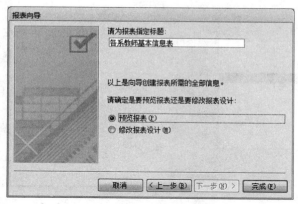

图5-15 输入报表标题

步骤8. 单击"完成"按钮,即可创建报表。

小 结

使用报表向导创建报表虽然可以选择字段和分组,但只是快速创建了报表的基本框架,还存在不完美之处,为了能创建更完美的报表,需要进一步美化和修改完善,这需要在报表的"设计视图"中进行相应的处理。

上机实践

创建每门课程的学生成绩报表,效果如图5-16所示。

课程名称	学号	课程号	姓名	成绩
大学英语	20172106060	004	张军	90
	20172106060	004	李勇	80
	20172106060	004	王琨	85
	20172106060	004	刘琦	88
	20172106060	004	张三	86
	20172106065	004	刘洋	83
	20172106065	004	黄磊	90
	20172106065	004	包晓军	93
	20172106065	004	王杰	66
	20172106065	004	张雪	78
	20172106065	004	张波	77
	20172202092	004	郭晓坤	80
	20172202092	004	王海	54
	20172202092	004	刘红	86
	20172202092	004	智芳芳	87
	20172202092	004	刘燕	92
	20172202092	004	张丽	56
大学语文	20172106060	002	张军	80

图5-16 每门课程的学生成绩报表

任务3　创建学生信息卡片

任务描述

使用标签报表向导创建学生信息卡片，如图5－17所示。

图5－17　学生信息卡片

任务分析

在日常工作中，经常需要制作一些"客户邮件地址"和"教师信息"等标签。标签是一种类似名片的短信息载体。使用Access提供的"标签"向导，可以方便地创建各种各样的标签报表。本任务中，要在卡片上显示学生的学号、姓名和联系电话3个字段的值。

任务实施

步骤1．打开"教学管理"数据库，在导航窗格"表"选项中，选择学生基本信息表。

步骤2．在"创建"选项卡的"报表"组中，单击"标签"按钮，打开如图5－18所示对话框，在其中指定所需要的一种尺寸，如果列表中尺寸都不能满足需要，可以单击"自定义"按钮自行设计标签。单击"下一步"按钮。

步骤3．设置字体为"宋体"、10号字，单击"文本颜色"文本框右侧的按钮，在打开的"颜色"调色板中选择蓝色，如图5－19所示。用户可以根据自己的需要选择合适的字体、字号和颜色等。单击"下一步"按钮。

步骤4．选择卡片上显示的字段。在对话框中，单击原型标签窗格，输入所需文本"内蒙古第一职业技术学院"，然后单击下一行，在"可用字段"窗格中，双击"学号""姓名""联系电话"字段，发送到"原型标签"窗格中。把光标移到各字段之间，用空格隔开各字段，并在"联系电话"字段前输入文本"联系电话："，输入这些文本主要是为了让标签意义更明确，如图5－20所示。"原型标签"窗格是个微型文本编辑器，在该窗格中可以对文字和添加的字段进行修改和删除等操作。单击"下一步"按钮。

步骤5．在"可用字段"窗格中，双击"学号"字段，把它发送到"排序依据"窗格中，作为排序依据，如图 5-21 所示。单击"下一步"按钮。

步骤6. 输入"学生信息卡片"作为报表名称，如图 5-22 所示，单击"完成"按钮，至此完成标签的设计。

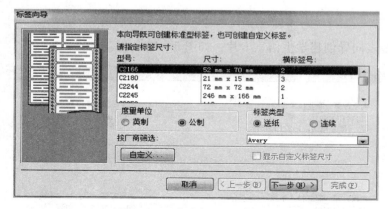

图 5-18　指定标签尺寸窗口

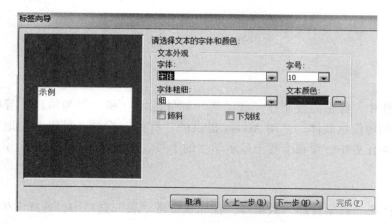

图 5-19　选择设置文本样式

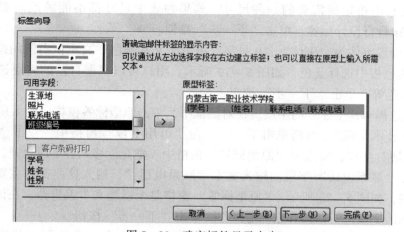

图 5-20　确定标签显示内容

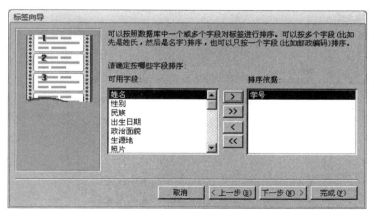

图 5 – 21　确定标签排序显示字段

图 5 – 22　确定报表名称

小　结

标签报表就是用报表提取数据库中的数据，然后做成标签的样子，打印出来可以作为标签使用。比如本任务中的学生标签、在超市中看到的商品价签，等等。如果对标签的大小、文字、格式等不满意，可以在属性表中进行修改。

上机实践

创建教师名片卡，卡片内容包括教工号、姓名、职称和电话，效果如图 5 – 23 所示。

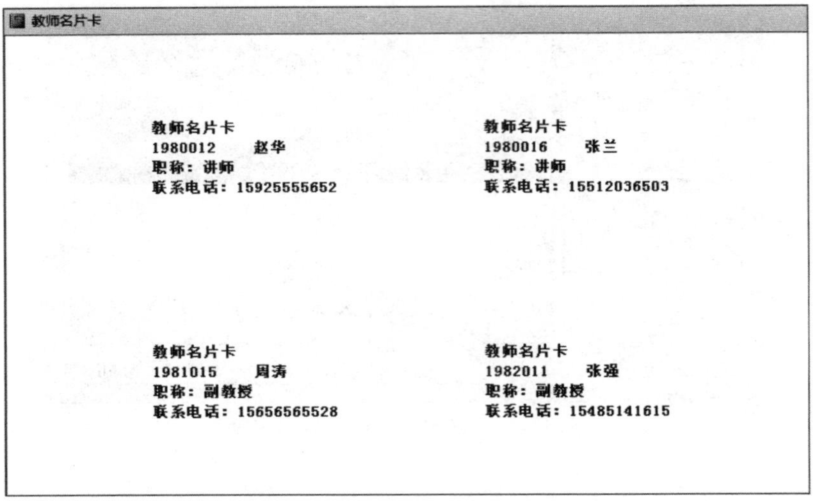

图 5 – 23 教师名片卡

任务4 创建学生成绩报表

任务描述

使用报表设计视图，设计如图 5 – 24 所示的学生成绩报表。

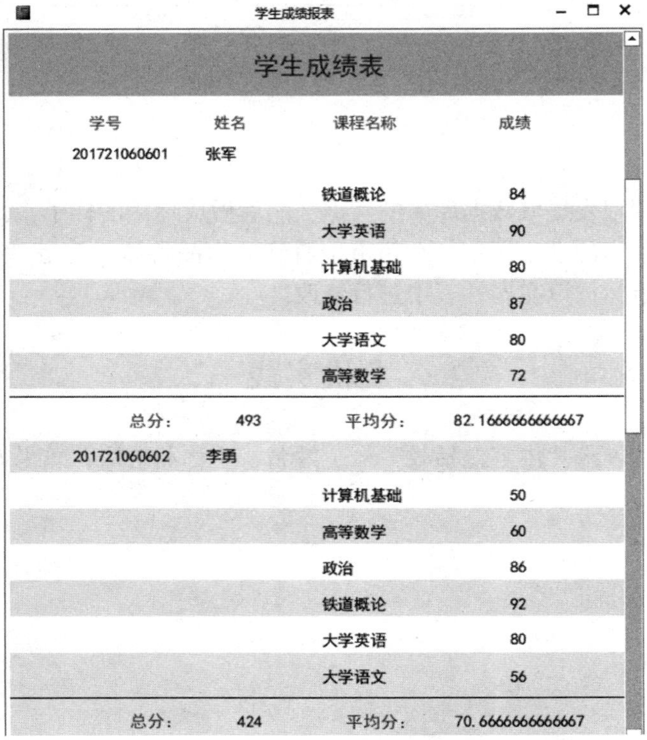

图 5 – 24 学生成绩报表

任务分析

虽然报表向导可以快速创建报表,但是创建的报表一般比较简单,不能完全达到用户的要求。因此,需要对创建好的报表进行再设计。用户可以使用报表设计视图自己设计报表,从一个全新的空白报表开始,选择数据源,显示字段,使用控件显示文本和数据,进行数据的计算或汇总,并且还可以对记录进行排序、分组、对齐等操作。

本任务可以分3步完成:

第1步,设计报表显示所有学生的各科成绩,显示学生的学号、姓名、课程名称和成绩字段,如图5-39所示。

第2步,分组显示学生成绩,即按学号分组显示学生的各科成绩,如图5-44所示。

第3步,对每个学生成绩进行汇总,显示在组页脚,如图5-48所示。

任务实施

任务4-1 使用设计视图创建"学生成绩"报表

步骤1. 打开"教学管理"数据库,在"创建"选项卡的"报表"组中单击"报表设计"按钮,打开报表设计视图,如图5-25所示。

步骤2. 在报表设计视图中,双击左上角的"报表选择器"按钮,打开报表"属性表"窗口,如图5-26所示。

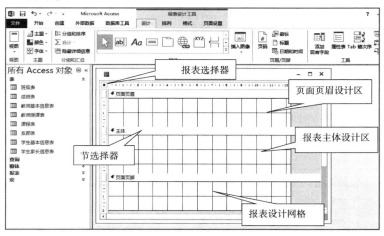

图5-25 报表设计视图

步骤3. 在属性表标签中选择"数据"选项卡,单击"记录源"属性右侧的省略号按钮,打开查询生成器,如图5-27所示。所以报表的记录源不是一个数据表,而是学生基本信息表、课程表和成绩表3个数据表。

步骤4. 在"显示表"对话框中依次双击"课程表""学生基本信息表""成绩表",将它们添加到查询生成器中,关闭"显示表"对话框。然后将"学号""姓名""课程名称"和"成绩"字段添加到设计网格中,如图5-28

图5-26 属性表

所示。

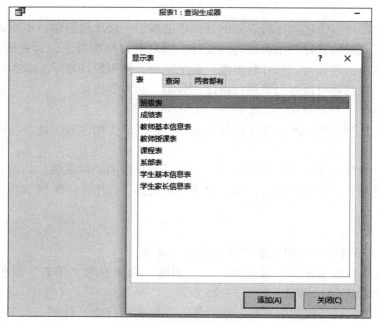

图 5 – 27　查询生成器

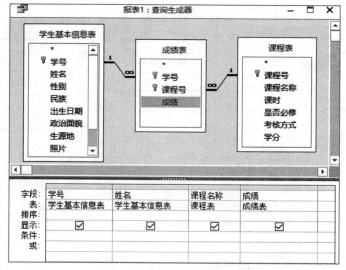

图 5 – 28　查询设计器的设置

步骤 5. 单击快速工具栏上的"保存"按钮，关闭查询生成器，完成数据源的设置。关闭"属性表"，返回报表的"设计视图"。

步骤 6. 设置报表的标题。单击"报表设计工具 设计"选项卡"页眉/页脚"工具组的"标题"按钮，在报表设计视图两端会新增"报表页眉"节和"报表页脚"节，如图 5 – 29 所示。在"报表 1"的位置输入报表的标题"学生成绩表"，如图 5 – 30 所示。

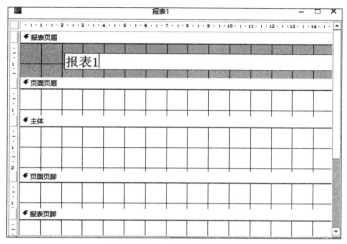

图 5 – 29 报表页眉页脚

图 5 – 30 报表标题的设置

步骤 7. 单击"报表设计工具 设计"选项卡"工具"组中的"添加现有字段"按钮，如图 5 – 31 所示，在屏幕右侧打开"字段列表"对话框，如图 5 – 32 所示。

图 5 – 31 字段列表窗格

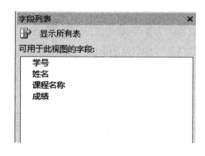

图 5 – 32 字段列表

步骤 8. 将字段列表中的字段依次拖曳（或双击）到报表的主体节中，选中字段前用于显示字段名称的标签，按 Delete 键删除，适当调整字段的显示位置，如图 5 – 33 所示。

步骤 9. 设置列标题。在"页面页眉"节中，单击报表设计工具中的"标签"控件 ，在"页面页眉"节中绘制添加 4 个标签，分别输入"学号""姓名""课程名称"和"成绩"，并与主体节中的字段对齐，如图 5 – 34 所示。同时可以选择设定标签的相关控件属性，调整标题的字体、字号、颜色和对齐方式等。

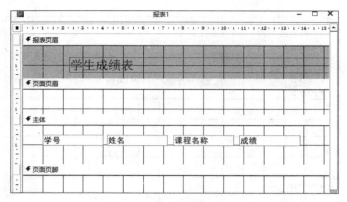

图 5 - 33　设置主体节的内容

图 5 - 34　学生成绩表设计视图

步骤 10.　设置报表中每行记录的行间距。双击主体节的空白处或者选择主体再选择工具组的"属性表",打开主体的属性窗口,高度调整为 1cm,如图 5 - 35 所示(或者向上拖动页面页脚的选择条也可以调整主体显示宽度)。

步骤 11.　单击功能区"页眉/页脚"工具组中的"页码"按钮,打开"页码"对话框。选择"第 N 页,共 M 页"格式,选择"页面底端(页脚)"位置,如图 5 - 36 所示,单击"确定"按钮,此时在"页面页脚"节中显示页码标签。

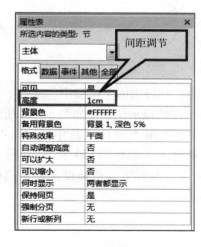

图 5 - 35　学生成绩表设计视图

图 5 - 36　页码设置对话框

步骤 12. 保存报表。单击快速访问工具栏的"保存"按钮，将报表保存为"学生成绩报表"。

步骤 13. 切换到"打印预览视图"，查看报表的效果，如图 5-37 所示。单击功能区右侧的"关闭打印预览"按钮，返回到报表的设计视图。

学生成绩报表			
学生成绩表			
学号	姓名	课程名称	成绩
201721060653	包晓军	高等数学	54
201721060653	包晓军	大学语文	70
201721060653	包晓军	政治	80
201721060653	包晓军	大学英语	93
201721060653	包晓军	计算机基础	87
201721060653	包晓军	铁道概论	90
201721060651	刘洋	高等数学	76
201721060651	刘洋	大学语文	86
201721060651	刘洋	政治	64
201721060651	刘洋	大学英语	83
201721060651	刘洋	计算机基础	76
201721060651	刘洋	铁道概论	88

图 5-37 报表的打印预览效果

步骤 14. 如果对打印效果不满意，可以回到设计视图进行修改。若不想在打印时数据带边框，可以在报表设计视图中按住 Ctrl 键依次选择主体节中的字段名称，打开属性表，在格式选项卡的"边框样式"中选择"透明"选项，如图 5-38 所示，设置完成后报表的预览效果如图 5-39 所示。同样的，要修改报表标题、列标题和字段值的字体、字号、加粗等格式，只需打开它们的属性表进行设置即可。

任务4-2 分组显示学生成绩

步骤 1. 打开"学生成绩报表"的设计视图。

步骤 2. 单击工具栏上的"分组和排序"按钮，在窗口下方显示如图 5-40 所示的"分组、排序和汇总"窗口。单击"添加组"按钮，分组字段选择"学号"字段，此时在设计视图中的"页眉页脚"节与"主体"节中间会出现"学号页眉"节，如图 5-41 所示。

属性表	
所选内容的类型: 文本框(T)	
学号	
格式 数据 事件 其他 全部	
格式	
小数位数	自动
可见	是
宽度	3cm
高度	0.529cm
上边距	0.099cm
左边距	1.199cm
背景样式	常规
背景色	背景 1
边框样式	透明
边框宽度	透明
边框颜色	实线
特殊效果	虚线
滚动条	短虚线
字体名称	点线
字号	稀疏点线
文本对齐	点划线
字体粗细	点点划线
下划线	否

图 5-38 边框样式的设置

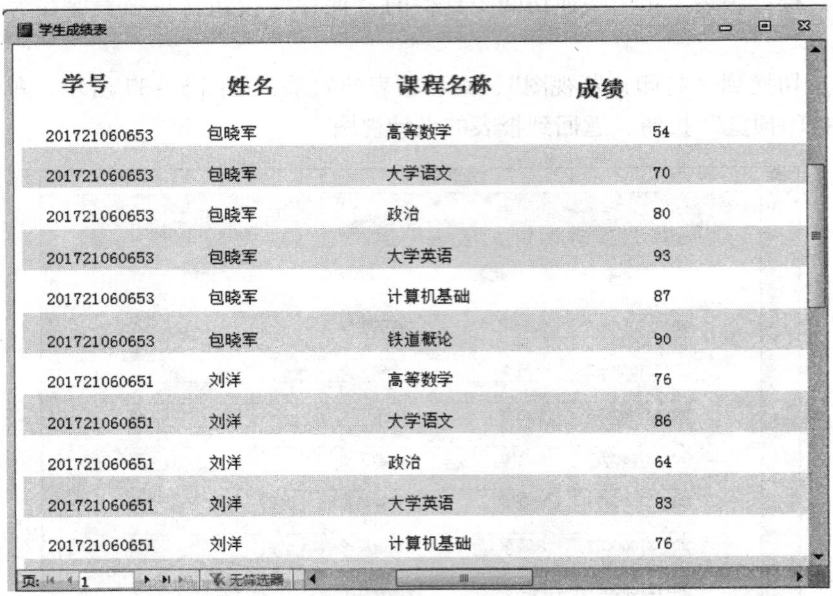

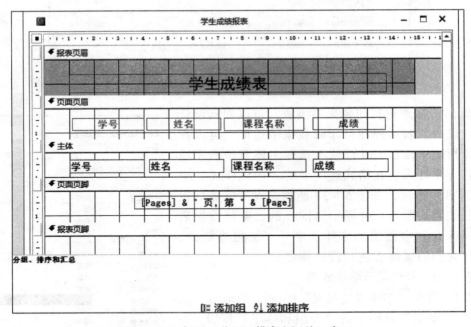

图 5 – 39 属性设置完成后的报表样式

图 5 – 40 打开"分组、排序和汇总"窗口

步骤 3. 选择"升序"选项，单击"更多"按钮，选择"有页眉节"和"有页脚节"属性，此时报表设计器中显示"学号页脚"节，如图 5 – 42 所示。

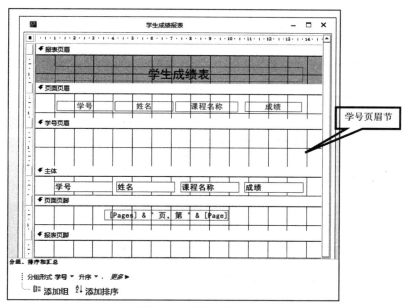

图 5 - 41　设置分组字段

图 5 - 42　显示页脚节

步骤 4. 从"主体"节把"学号"和"姓名"字段移到"学号页眉"节中，并从控件选项栏中选择直线工具控件，在"学号页脚"底部添加一条直线，作为组间的分隔线，如图 5 - 43 所示。调整各个部分的间距位置以及标签文字的属性。

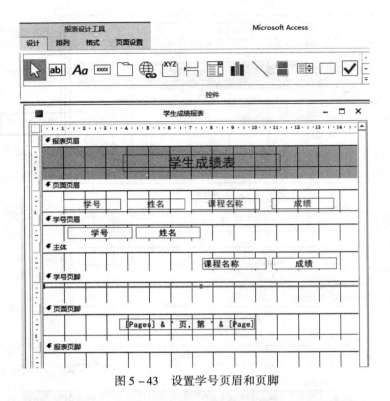

图 5 – 43　设置学号页眉和页脚

步骤 5. 保存"学生成绩报表"。切换到"打印预览"视图，打印预览效果如图 5 – 44 所示。

学生成绩表			
学号	姓名	课程名称	成绩
201721060601	张军		
		铁道概论	84
		大学英语	90
		计算机基础	80
		政治	87
		大学语文	80
		高等数学	72
201721060602	李勇		
		计算机基础	50
		高等数学	60
		政治	86
		铁道概论	92
		大学英语	80
		大学语文	56

图 5 – 44　报表预览效果

任务 4 – 3　在组页脚显示每个学生的汇总成绩

步骤 1. 打开"学生成绩报表"的设计视图。

步骤2．单击"分组和排序"按钮，打开"分组、排序和汇总"窗口。

步骤3．单击"无汇总"右侧的"▼"按钮，弹出"汇总"下拉列表，选择汇总方式为"成绩"、类型为"合计"，选中复选框"在组页脚中显示小计"，如图5-45所示。此时在"学号页脚"节中显示"Sum（［成绩]）"项，将其调整到合适的位置。

步骤4．设置总分的标签。从控件组选择标签控件添加到"学号页脚"节中，输入"总分："，如图5-46所示。查看打印预览效果，并进行调整。

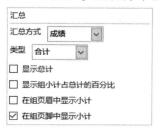

图5-45　设置汇总项

图5-46　添加总分标签

步骤5．汇总学生的平均分。在"学号页脚"节内添加一个标签和一个文本框控件，标签里输入"平均分："，打开文本框控件的属性表，在"数据"选项卡的"控件来源"内输入"=Avg（［成绩]）"，"运行总和"选择"不"，在格式选项卡中设置边框样式为"透明"，也可以对标签和文本框进行字体、字号等其他格式的设置，设置效果如图5-47所示。

图5-47　平均分的设置

步骤6．保存"学生成绩报表"，预览效果如图5-48所示。

图5-48　学生成绩汇总效果

小 结

在实际应用中，有些报表无法使用报表向导来完成，必须使用报表设计视图，并且在报表设计视图下可以更灵活地建立、修改各种报表，从而提高报表设计的效率。

上机实践

1. 使用设计视图来创建"课程基本信息"报表，最终效果如图 5 – 49 所示。

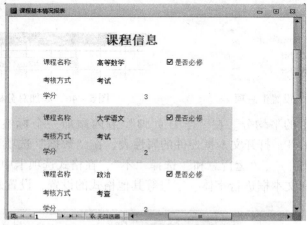

图 5 – 49　课程基本信息报表

2. 使用报表设计视图设计课程成绩报表，显示每门课程的学生成绩，如图 5 – 50 所示。

图 5 – 50　课程成绩报表

知识链接

要在报表中进行计算，首先要在报表的适当位置上创建一个计算控件。文本框是最常用的计算控件，但是也可以使用任何具有"控件来源"属性的控件。在报表中创建的计算控件既可以对同一条记录的值进行计算，也可以对多条记录的同类型数据进行汇总。因此，在报表中创建的计算控件用途不同，其放置的位置也不相同。

如果是对每一条记录单独进行计算，那么和所有绑定的字段都一样，计算控件文本框应放在报表的主体节中。

如果是对分组记录进行汇总，那么计算控件文本框和附加标签都应该放在"组页眉"或"组页脚"节中。

如果是对所有记录进行汇总，比如计算平均值，那么计算控件文本框和附加标签都应放在"报表页眉"或"报表页脚"节中。

在报表中添加计算控件的基本操作如下：

（1）打开报表的设计视图窗口。

（2）在控件选项栏中选择"文本框"工具。

（3）单击报表设计视图中某个想添加的节区，就在该节区中添加了一个文本框控件。

（4）双击该文本框控件，即可打开其属性对话框。

（5）在"控件来源"属性框中，输入以等号（＝）开头的表达式，比如"＝Sum（［成绩]）""＝Avg（［成绩]）""＝Data（）""＝Now（）"等。

任务5　美化报表

任务描述

设置"学生成绩报表"的背景、列标题和汇总项的格式，在报表的末尾添加打印日期，如图5－51所示。

任务分析

在报表的设计视图中，通过报表的属性窗口设置报表的背景、文字格式等。

任务实施

步骤1．打开"学生成绩报表"的布局视图，在工具栏中单击"属性表"按钮，打开报表属性窗口。

步骤2．选择"报表页眉"，在属性表窗口中，选择"格式"选项卡，调整页眉高度、修改背景色，如图5－52所示。设置效果可以直接在布局视图中观察。

步骤3．设置报表标题。选择标题文字，在属性表中选择"格式"选项卡，设置字体为"黑体"、字号为18、字体粗细为"加粗"，调整前景色为"着色4，深色50%"。

步骤4．设置列标题格式。按住Ctrl键依次选择列标题，在属性表中选择"格式"选项卡，设置字体为"隶书"、字号为14、字体粗细为"加粗"。

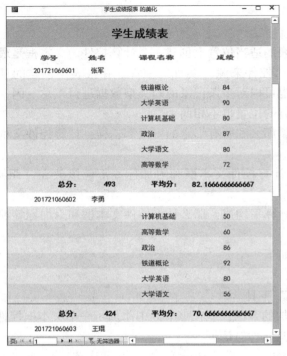

图 5-51　报表的美化效果　　　　　　　　图 5-52　报表页眉的属性

步骤 5. 设置组页眉、主体和组页脚的格式。选择组页眉，在属性表的"格式"选项卡中，将"备用背景色"设置为"背景 1"，将主体的备用背景色设置为"浅灰 1"，组页脚的备用背景色设置为"背景 1，深色 5%"，字体格式设置为黑体、14 号、加粗。如图 5-53 所示。

步骤 6. 修改课程名称和成绩字段的背景色。在布局视图中，单击任意一个课程名称，即可选择全部课程名称的值，在属性表中，将背景色改为"背景 1，深色 5%"，用同样的方法设置成绩字段的背景。

步骤 7. 在报表页脚显示打印日期。切换到报表的设计视图，单击"页眉页脚"组的"日期和时间"按钮，打开"日期和时间"对话框，如图 5-54 所示。选择希望显示的日期和时间的样式，单击"确定"按钮后，在报表的页眉上显示日期和时间，剪切到报表页脚上，调整显示的位置即可，如图 5-55 所示。

图 5-53　报表格式设置　　　　　　　　　图 5-54　日期时间对话框

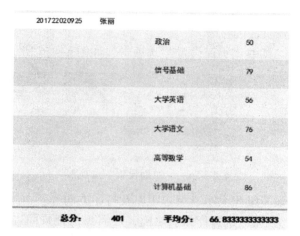

2017220209 25	张丽		
	政治	50	
	信号基础	79	
	大学英语	56	
	大学语文	76	
	高等数学	54	
	计算机基础	86	
总分：	**401**	**平均分：**	**66.8333333333333**

2018年11月10日
13:20:00

图 5 - 55 报表末尾显示日期和时间

步骤 8. 调整整个布局，包括报表标题的位置、列标题和值是否对齐，等等，保存报表。

小　结

通过设置报表的背景、文字的格式，可以使打印出来的报表更加美观，也可以在报表中设置图片背景或水印效果。

上机实践

请美化如图 5 - 50 所示的"课程成绩报表"。

任务 6　报表的预览和打印

任务描述

打印预览将要打印的报表，若没有问题即完成报表的打印。

任务分析

预览报表可显示打印页面和版面，这样可以快速查看报表打印结果的页面布局，并通过查看预览报表的每页内容，在打印之前确认报表数据的正确性。

任务实施

打印报表是将设计报表直接送往选定的打印设备进行打印输出，按照需要可以将设计报表以对象方式命名保存在数据库中。

步骤 1. 页面设置。设置报表页面的工作主要包括设置页面的大小、打印方向和报表列数等。

（1）打开准备要设置页面的报表。

（2）选择报表设计工具中"页面设置"选项卡，如图5－56所示。

图5－56　"页面设置"选项卡

（3）根据不同需求设置纸张大小、页边距以及打印方向等。

步骤2. 打印报表。在第一次打印报表之前，还需要检查页面边距、页面方向和其他页面设置等选项。当确定一切布局都符合要求后，开始打印报表，操作步骤如下：

（1）在数据库窗口中选定需要打印的报表，或在"设计视图""打印预览"或"布局预览"中打开相应的报表。

（2）选择"文件"菜单中的"打印"命令，打开"打印"对话框，如图5－57所示。

图5－57　"打印"对话框

（3）在打印对话框中可以进行如下设置。

①在"名称"下拉列表框中选择要使用的打印机；

②在"打印范围"选项组中选择打印全部内容还是指定打印页的范围；

③在"份数"选项组中指定要打印的份数。

小　结

打印报表之前，必须设置页面大小、纸张方向以及页边距等，并且通过预览报表查看打印效果，如需要调整，则使用报表设计视图进行修改，以达到最好的输出效果。

上机实践

对美化后的报表"课程成绩报表"进行打印预览和打印操作。

思考与练习

一、填空题

1. 根据版面格式的不同，Access 的报表可以分为纵栏式报表、（　　　）、（　　　）和（　　　）4 种类型。

2. Access 为报表的设计和查看提供了 3 种视图，分别为（　　　）、（　　　）和（　　　）。

3. 报表数据输出不可缺少的内容是（　　　）的内容。

4. 要设计出带表格线的报表，需要向报表中添加（　　　）控件完成表格线显示。

5. Access 的报表要实现排序和分组统计，应通过设置（　　　）属性来进行。

二、简答题

1. 简述在报表中为报表添加背景的方法。

2. 简述在报表中添加页码的方法。

3. 简述报表打印的具体方法。

项目 6

宏的设计与应用

● 学 习 目 标

❋ 了解宏的概念和功能
❋ 理解常用的宏操作
❋ 掌握宏和宏组的创建和运行操作

预备知识

前面已经学习了 Access 数据库的表、查询、窗体和报表对象，虽然这几种对象都具有强大的功能，但是它们彼此不能相互驱动。要想将这些对象有机地组合起来，只有通过 Access 提供的宏和模块这两种对象来实现。

1. 宏 的 概 念

宏操作，简称为"宏"，是 Access 中的一个对象，是一种功能强大的工具。它是指一个或多个操作命令的集合，其中每个操作实现特定的功能。通过宏能够自动执行重复任务，使用户更方便而快捷地操纵 Access 数据库系统。使用宏非常方便，不需要记住各种语法，也不需要编程，只需利用几个简单宏操作就可以对数据库完成一系列的操作。宏实现的中间过程完全是自动的，通常人们把宏称为 Access 的灵魂。

Access 2010 为用户提供了 70 种宏操作，进一步增强了宏的功能，使创建宏更加方便，宏的功能更加强大，使用宏可以完成更为复杂的工作。

Access 下的宏可以是包含操作序列的一个宏，也可以是某个宏组，宏组由若干个宏构成。另外还可以使用条件表达式来决定在什么情况下运行宏，以及在运行宏时是否进行某项操作。根据以上 3 种情况可以将宏分为 3 类：操作序列宏、宏组和含有条件操作的条件宏。宏包含的每个操作都有名称，操作名称是系统提供的，由用户选择的操作命令不能更改。一个宏中的多个操作命令在运行时按先后顺序执行，如果设计了条件宏，则操作会根据对应设置的条件决定能否执行。

2. 宏 的 功 能

在 Access 中宏的具体功能主要表现在以下几个方面。

1）连接多个窗体和报表

有些时候，需要同时使用多个窗体或报表来浏览其中相关联的数据。

2）自动查找和筛选记录

宏可以加快查找所需记录的速度。例如，在窗体中建立一个宏命令按钮，在宏的操作参数中指定筛选条件，就可以快速查找到指定记录。

3）自动进行数据校验

在窗体中对特殊数据进行处理或校验时，可以发挥宏的作用，使用宏可以方便地设置检验数据的条件，并可以给出相应的提示信息。

4）设置窗体和报表属性

使用宏可以设置窗体和报表的大部分属性。例如，使用宏可以将窗体隐藏起来。

5）自定义工作环境

使用宏可以在打开数据库时自动打开窗体和其他对象，并将几个对象联系在一起，执行一组特定的工作。使用宏还可以自定义窗体中的菜单栏。

任务1 设计教学管理系统的界面

任务描述

设计如图6-1所示的窗体"教学管理系统"，打开数据库时自动启动该窗体，单击每个按钮时，可以打开对应的对象，具体要求如下：

- 单击"学生基本信息浏览"按钮，打开学生信息表。
- 单击"查询学生成绩"按钮，打开"按学号查询学生成绩"的查询。
- 单击"打印学生卡片"按钮，打开"学生卡片"报表。
- 单击"退出"按钮，则退出系统。

图6-1 教学管理系统窗体

任务分析

给窗体中的每个按钮设置宏操作，通过"宏与代码"组中的"宏"命令可以创建操作序列宏，从而完成相应内容的显示。

任务实施

任务1-1 创建宏

步骤1. 创建"打开学生信息表"的宏。

（1）选择"创建"选项卡"宏与代码"组中的"宏"，打开宏设计窗口，如图6－2所示，在"添加新操作"下拉列表中选择要使用的操作"OpenTable"，"表名称"设置为"学生基本信息表"，"视图"设置为"数据表"，"数据模式"设置为"只读"，如图6－3所示。

图6－2 宏设计窗口

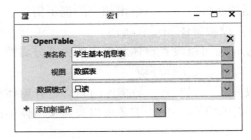
图6－3 宏的设置

（2）单击工具栏上的"保存"按钮，在"另存为"对话框中输入宏名称"学生基本信息浏览"，单击"确定"按钮后，在宏对象窗口中出现"学生基本信息浏览"宏。

步骤2．创建打开"按学号查询学生成绩"查询的宏。打开宏设计窗口，在"添加新操作"下拉列表中选择要使用的操作"OpenQuery"，"查询名称"列表中选择"按学号查询学生的成绩"的查询，"视图"设置为"数据表"，"数据模式"设置为"只读"，如图6－4所示。单击工具栏上的"保存"按钮，保存为"按学号查询成绩"，单击"确定"按钮，关闭宏窗口。

步骤3．创建"打印学生卡片"宏。打开宏设计窗口，在"添加新操作"下拉列表中选择要使用的操作"OpenReport"，"报表名称"设置为"学生信息卡片"，"视图"设置为"报表"，"窗口模式"设置为"普通"，如图6－5所示。保存为"打开学生卡片"，关闭宏窗口。

图6－4 查询宏的设置

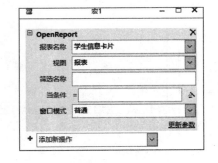
图6－5 报表宏的设置

步骤4．创建退出窗口的宏。打开宏设计窗口，在"添加新操作"下拉列表中选择要使用的操作"QuitAccess"，"选项"设置为"全部保存"，如图6－6所示，保存宏为"退出"。

任务1－2 设计"教学管理系统"窗体，实现按钮的单击事件的操作。

步骤1．打开"教学管理"数据库，单击"创建"选项卡中"窗体"组的"窗体设计"按钮，新建窗体。

步骤2．在窗体设计视图中，从"控件"组选择按钮控件添加到窗体上，此时打开"命令按钮向导"对话框，在"类别"列表中选择"杂项"，在"操作"列表中选择"运行宏"，如图6－7所示。单击"下一步"按钮。

步骤3．进入"选择宏"界面，从宏列表中选择"学生基本信息浏览"，如图6－8所示。单击"下一步"按钮。

图6－6 退出 Access 的宏

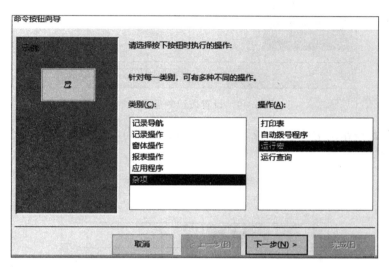

图6－7 命令按钮向导对话框

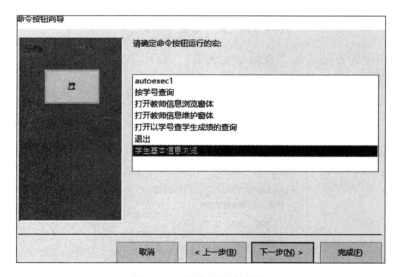

图6－8 指定要运行的宏

步骤4．设置按钮的显示形式。选择"文本"，并输入"学生基本信息浏览"，如图6－9所示。单击"下一步"按钮。

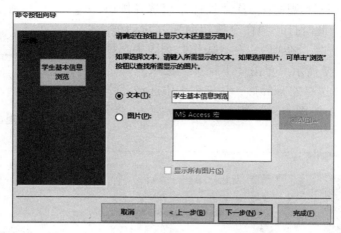

图 6 - 9　设置按钮的显示文本

步骤 5. 设置按钮的名称，单击"完成"按钮，即可在窗体上添加"学生基本信息浏览"按钮，如图 6 - 10 所示。

图 6 - 10　命令按钮的添加效果

步骤 6. 用相同的方法添加"查询学生成绩""打印学生卡片"和"退出"按钮。

步骤 7. 保存窗体为"教学管理系统"。

步骤 8. 创建打开教学管理数据库时自动运行窗体的宏。打开宏设计窗口，添加新操作中选择"OpenForm"，在窗体名称中选择"教学管理系统"，窗口模式为"普通"，如图 6 - 11 所示。

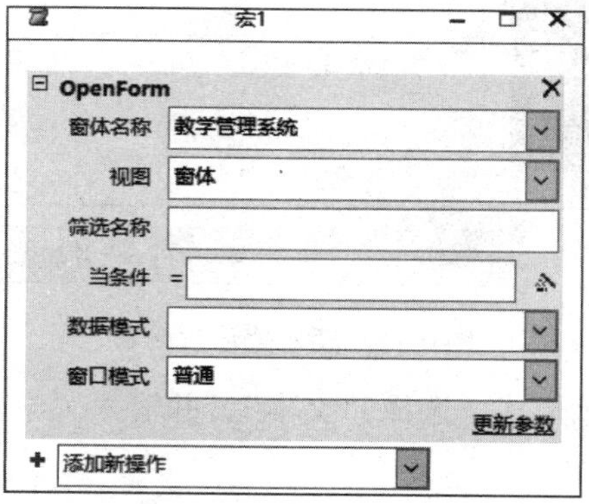

图 6 - 11　宏设计窗口

步骤 9. 保存宏，宏名称为"autoexec"。

小　结

每次运行操作纵序列宏时，都会按照操作序列中命令的先后顺序执行。

上机实践

创建窗体，添加"教师基本信息打印""教师信息维护""高级职称的教师" 3 个按钮，3 个按钮的具体功能如下：

- 单击"教师基本信息打印"按钮，打开"教师基本信息"表。
- 单击"教师信息维护"按钮，打开"教师信息维护"窗体。
- 单击"高级职称的教师"按钮，打开"统计有高级职称的教师"查询。

知识链接

1. 宏设计窗口的常用操作

操作序列宏是最基本的宏类型，是包含一系列操作的宏。Access 中提供了一系列基本的宏操作，每个操作都有自己的参数。

Access 2010 对宏设计器进行了更新，使用户在创建、编辑和查找宏时更为简便、灵活，编辑宏的方式更为符合程序设计的流程。在进行宏设计过程中，添加操作时可以从"添加新操作"列表中选择相应的操作，也可以从操作目录中双击或者拖动相应的操作。

宏是由操作、参数、注释（Comment）、组（Group）、条件（If）、子宏等几部分组成的，Access 2010 对宏结构进行了重新设计，使得宏的结构与计算机程序结构在形式上十分相似。这样，用户从对宏的学习过渡到对 VBA 程序的学习是十分方便的。宏的操作内容比程序代码更简洁，易于设计和理解。

与宏设计窗口相关的工具栏如图 6 - 12 所示，工具栏中主要按钮的功能见表 6 - 1。

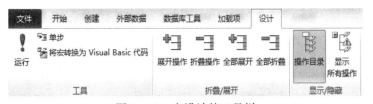

图 6 - 12　宏设计的工具栏

表 6 - 1　宏操作设计工具栏按钮的功能

按钮	名称	功　能
！	运行	执行当前宏
⁵▤！	单步	单步运行，一次执行一条宏命令

续表

按钮	名称	功　　能
	宏转换	将当前宏转换为 VisualBasic 代码
	展开操作	展开宏设计器所选的宏操作
	折叠操作	折叠宏设计器所选的宏操作
	全部展开	展开宏设计器全部的宏操作
	全部折叠	折叠宏设计器全部的宏操作
	操作目录	显示或隐藏宏设计器的操作目录
	显示所有操作	显示或隐藏操作列中下拉列表所有操作或尚未受信任的数据库中允许的操作

2. 常用的宏操作

Access 提供了几十个宏操作命令，常用的操作如表 6 - 2 所列。选择一个宏操作后，按 F1 键打开帮助窗口，可获得该操作的功能及操作参数的设置方法。

表 6 - 2　Access 2010 的主要宏操作

操作名称	操作参数	说明
OpenTable	表名、视图、数据模式	打开指定的数据表
OpenQuery	查询名称、视图、数据模式	打开指定的查询
OpenReport	报表名称、视图、筛选名称、Where 条件	打开或打印报表，可限制出现的记录数
OpenForm	窗体名称、视图、筛选名称、Where 条件、数据模式、窗体模式	打开窗体，并可限制窗体所显示的记录数
Echo	打开回响、状态栏文字	可以指定是否打开回响
GoToControl	控件名称	把焦点移到打开的窗体、窗体数据表、表数据表、查询数据表中当前记录的特定字段或控件上
GoToRecord	对象类型、对象名称、记录、偏移量	使指定的记录成为打开的表、窗体或查询结果集中的指定记录变成当前记录
OnError		指定宏出现错误时如何处理

操作名称	操作参数	说明
Close	对象类型、对象名称、保存	关闭指定对象的 Access 窗口，如果没有指定窗口，则关闭活动窗口
Maximize		放大活动窗口，使其充满 Access 窗口，该操作可以使用户尽可能多地看到活动窗口中的对象
Minimize		将活动窗口缩小为 Access 窗口底部的小标题栏
StopMacro		停止当前正在运行的宏
SetValue	项目、表达式	设置窗体、窗体数据表或报表上的字段、控件或属性的值
Quit	选项	退出 Access

3. 创建宏

（1）在"创建"选项卡上的"宏与代码"组中，单击"宏"，Access 将打开如图 6 - 1 所示的宏设计窗口。

（2）在"添加新操作"列表中选择某个操作，或在"开始"框中输入操作名称，将在显示"添加新操作"列表的位置添加该操作。也可以从右侧的操作目录中双击或者拖动操作实现添加操作到宏。

（3）如果需要添加更多的操作，可以重复上述两步。

（4）在软件界面左上方快速访问工具栏上单击"保存"按钮，在"另存为"对话框中为宏输入一个名称，然后单击"确认"按钮，命名并保存设计好的宏。

4. 运行宏

在创建完一个宏之后，用户就可以运行宏了。宏的运行可分为多种不同的情况：既可以通过宏命令来直接运行宏，也可以在其他宏或事件过程中执行宏，或者将执行宏作为对窗体、报表、控件中所发生的事件做出的响应。

1）直接运行宏

使用下列操作方法之一即可直接运行宏：

（1）在"宏"设计窗体中运行宏，单击工具栏上的"执行"按钮 ❗。

（2）在导航窗格中执行宏，双击相应的宏名。

（3）使用"RunMacro"或"OnError"宏操作调用宏。

（4）在对象的事件属性中输入宏名称，宏将在该事件触发时运行。

2）通过响应窗体、报表或控件的事件运行宏或事件过程

通常情况下，直接运行宏或宏组里的宏是在设计和调试宏的过程中进行的，只是为了测试宏的正确性。在确保宏设计无误后，可以将宏附加到窗体、报表或控件中，以对事件做出响应，或创建一个执行宏的自定义菜单命令，其具体操作步骤如下：

（1）打开窗体或报表，将视图设置为"设计视图"。

（2）设置窗体、报表或控件的有关事件属性为宏的名称或事件过程。

（3）在打开窗体、报表后，如果发生相应的事件，则会自动运行设置的宏或事件过程。

任务 2 创建判断双休日的宏

任务描述

创建一个名为"双休日判断"的宏，要求在打开数据库时进行判断：如果是双休日，就弹出"双休日不工作!"的提示信息，然后退出 Access，其他工作日则终止该宏。

任务分析

在默认状态下，宏的执行过程是从第一个操作依次执行到最后一个操作。在某些情况下，可能希望仅当特定条件为真时才在宏中执行相应的操作。这时可使用宏的条件表达式来控制宏的流程，这样的宏称为条件操作宏。使用条件表达式可以决定在某些情况下运行宏时某个操作是否进行。

下面明确含有条件表达式的宏的执行过程：Access 从宏的第一行开始执行，如果没有条件，则 Access 将直接执行该行的操作；如果有条件，Access 将先求出条件表达式的结果，如果这个条件的结果为真，Access 将执行所设置的操作，紧接着操作在"条件"栏中有省略号的所有操作。然后，Access 将执行宏中任何空"条件"字段的附加操作，直至到达另一个表达式、宏名或退出宏。如果这个表达式的结果为假，Access 将会忽略这个操作以及紧接着该操作且在"条件"字段内有省略号的操作，并且移到下一个包含其他条件或空"条件"字段的操作。

任务实施

步骤 1. 在"创建"选项卡上的"宏与代码"组中单击"宏"按钮，打开宏设计窗口。

步骤 2. 在"添加新操作"列中单击下拉按钮，选择需要宏执行的操作 If；首先设置条件成立时的宏操作参数。

步骤 3. 在 If 后面的文本输入框中输入判断星期六和星期日的条件表达式：Weekday（Date（））=7 Or Weekday（Date（））=1；在操作栏的下拉列表框中选择 MsgBox 选项，在其操作参数区中"消息"文本框中输入"双休日不工作!"，"类型"设置为"信息"，"标题"设置为"提示"。

步骤 4. 在下面的"添加新操作"列表中选择 If 宏操作，条件文本框中输入省略号"…"，接着在操作栏的下拉列表框中选择 QuitAccess 宏操作选项，操作参数采用默认值，如图 6-13 所示。

步骤 5. 设置条件不成立时的宏操作。单击"添加 Else"选项，在添加新操作中选择 StopAuMacros 宏操作，如图 6-14 所示。

图6-13 条件成立判断设置

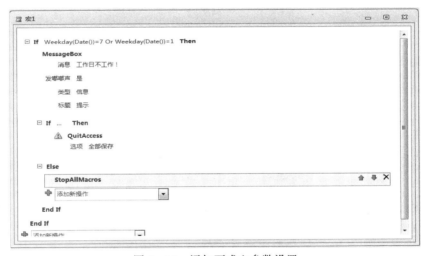

图6-14 添加不成立参数设置

步骤6. 单击工具栏上的"保存"按钮，在随后出现的"另存为"对话框中输入宏名称"双休日判断"，单击"确定"按钮。

步骤7. 关闭宏窗口，宏对象窗口中出现保存的"双休日判读"宏。

小 结

条件宏就是当条件满足时才执行的宏。如果在某个窗体中使用宏来校验数据，可能要显示相应的信息来响应记录的某些输入值，显示其他信息来响应另一些不同的值。在这种情况下，可以使用条件来控制宏的流程。

思考与练习

一、填空题

1. 宏是一个或多个（　　　　）的集合，每个操作实现特定的功能。

2. 通过宏能够（　　　　），使用户更方便而快捷地操纵 Access 数据库系统。

3. 宏一般分为 3 类，主要是（　　　　）、（　　　　）和（　　　　）。

4. 宏是由（　　　　）、（　　　　）、注释、（　　　　）、（　　　　）、子宏等几部分组成的。

5. 宏组是指（　　　　　　　　）的集合。

二、简答题

1. 什么是宏？什么是宏组？

2. 在 Access 中宏的具体功能主要表现在哪几个方面？

3. 如何运行宏？